utb 4912

Eine Arbeitsgemeinschaft der Verlage

Böhlau Verlag · Wien · Köln · Weimar
Verlag Barbara Budrich · Opladen · Toronto
facultas · Wien
Wilhelm Fink · Paderborn
Narr Francke Attempto Verlag / expert verlag · Tübingen
Haupt Verlag · Bern
Verlag Julius Klinkhardt · Bad Heilbrunn
Mohr Siebeck · Tübingen
Ernst Reinhardt Verlag · München
Ferdinand Schöningh · Paderborn
transcript Verlag · Bielefeld
Eugen Ulmer Verlag · Stuttgart
UVK Verlag · München
Vandenhoeck & Ruprecht · Göttingen
Waxmann · Münster · New York
wbv Publikation · Bielefeld
Wochenschau Verlag · Frankfurt am Main

Prof. Dr. Jutta Arrenberg lehrt Wirtschafts- und Finanzmathematik sowie Wirtschaftsstatistik an der TH Köln.

Jutta Arrenberg

Wirtschaftsstatistik: 77 Aufgaben, die Bachelorstudierende beherrschen müssen

2., überarbeitete Auflage

UVK Verlag · München

Umschlagabbildung und Piktogramme im Buch: © yuoak, iStock
Autorenfoto (S. ii): © privat

Bibliografische Information der Deutschen Bibliothek

Die Deutsche Bibliothek verzeichnet diese Publikation in der Deutschen Nationalbibliografie; detaillierte bibliographische Daten sind im Internet über http://dnb.dnb.de abrufbar.

2., überarbeitete Auflage
1. Auflage 2018

– Ein Unternehmen der Narr Francke Attempto Verlag GmbH + Co. KG
Dischingerweg 5 · 72070 Tübingen

Internet: www.narr.de
eMail: info@narr.de

Einbandgestaltung: Atelier Reichert, Stuttgart
Druck und Bindung: CPI books GmbH, Leck

utb-Nr. 4912

ISBN 978-3-8252-5648-7 (Print)
ISBN 978-3-8385-5648-2 (ePDF)

Vorwort

Vorwort zur zweiten Auflage

Dieses Übungsbuch hat großen Anklang gefunden, weil es gut und umfassend auf die Prüfung vorbereitet. Diese Neuauflage habe ich um einen Lotsen durch Prüfungsfragen erweitert und außerdem einige Lösungen noch ausführlicher beschrieben.

Ich wünsche Ihnen viel Erfolg und viel Freude durch die Aha-Effekte!

Vorwort zur ersten Auflage

Dieses Buch ist ein Lotse durch Aufgaben von Statistik-Klausuren. Es erklärt, wie aus der Fragestellung einer Klausuraufgabe, die Anweisung, was zu rechnen ist, zu erkennen ist. Außerdem weist das Buch auf häufige Fehler in Klausuren hin. Und zu jedem Thema gibt es Tipps, die aus meinen Antworten zu Fragen während meiner Statistik-Vorlesungen zusammengestellt sind.

Das Buch richtet sich an Studierende, die schon die Vorlesungen zur Statistik besucht haben oder sich autodidaktisch Statistik angeeignet haben und jetzt kurz vor der Klausur stehen.

Als Klausurvorbereitung habe ich 77 typische Aufgaben herausgesucht, die auf meiner 20-jährigen Tätigkeit als Professorin an der Technischen Hochschule Köln beruhen.

Zu jeder Aufgabe wird der Schwierigkeitsgrad in den drei Stufen einfach, mittelschwer, schwer angegeben und es wird die Zeit vorgegeben, die in der Klausur zur Bearbeitung der Aufgabe zur Verfügung steht.

Das Besondere an diesem Übungsbuch ist die ausführliche Darstellung der Musterlösungen. Besonderen Wert habe ich auf die Struktur der Lösungswege gelegt. Viele Aufgaben lassen sich zwar mit gesundem Menschenverstand lösen, ohne die dahinter liegende Theorie zu kennen. Jedoch benötigt ein weit größerer Teil der Studierenden eine strukturierte Handlungsanweisung für eine Lösung. Außerdem habe ich zu einigen Aufgaben gleich mehrere Lösungswege aufgeschrieben, damit möglichst viele Studierende die Lösung verstehen und somit die Klausur bestehen.

Ich wünsche den Leserinnen und Lesern dieses Buches viel Erfolg für die Statistik-Klausur!

Köln, im Februar 2021 — Jutta Arrenberg

Inhaltsverzeichnis

Abkürzungs- und Symbolverzeichnis

Abkürzungen

BV	Binomialverteilung
d. h.	das heißt
GE	Geldeinheit
H.	Häufigkeit
Häufigk.	Häufigkeit
hypergeom.	hypergeometrische Verteilung
KI	Konfidenzintervall
kum.	kumuliert
ME	Mengeneinheit
NV	Normalverteilung
rel.	relativ
stat.	statistisch
stoch.	stochastisch
unabh.	unabhängig
Wkt.	Wahrscheinlichkeit
z. B.	zum Beispiel
ZGWS	Zentraler Grenzwertsatz

Symbole

X	statistische Variable oder Zufallsvariable
x	Realisation von X
$x_1, x_2, \ldots, x_n$	Stichprobe aus X vom Umfang n bzw. Urliste bzw. Einzeldaten bzw. univariater Datensatz
$x_1, x_2, \ldots, x_m$	tabellierte Daten
i	Nummerierung der tabellierten Werte; $i = 1, 2, \ldots, m$
n_i	absolute Häufigkeit des tabellierten Wertes x_i
$\frac{n_i}{n} = f(x_i) = f_i$	relative Häufigkeit des tabellierten Wertes x_i
$F(x_i)$	kumulierte relative Häufigkeit des tabellierten Wertes x_i

$x_1^*, x_2^*, \ldots, x_k^*$	Klassenobergrenzen eines klassierten Datensatzes
j	Einfallsklasse bzw. Nummerierung der Klassen eines klassierten Datensatzes; $j = 1, 2, \ldots, k$
n_j	absolute Häufigkeit der Werte in der j-ten Klasse eines klassierten Datensatzes
$\frac{n_j}{n}$	relative Häufigkeit der Werte in der j-ten Klasse eines klassierten Datensatzes
$F(x_j^*)$	kumulierte relative Häufigkeit an der Klassenobergrenze x_j^* eines klassierten Datensatzes
b_j	Breite der j-ten Klasse eines klassierten Datensatzes
$x_j^{'}$	Klassenmitte der j-ten Klasse eines klassierten Datensatzes
x_p	$p \cdot 100$-Prozentpunkt
$\overline{x}$	arithmetisches Mittel
$s_x^2 = s^2$	empirische Varianz
$s_x = s$	empirische Standardabweichung
$v_x = v$	Variationskoeffizient
$x_{\min}$	kleinster Wert der Stichprobe $x_1, x_2, \ldots, x_n$
$x_{\max}$	größter Wert der Stichprobe $x_1, x_2, \ldots, x_n$
$(x_1, y_1), (x_2, y_2) \ldots, (x_n, y_n)$	bivariater Datensatz vom Umfang n
n_{ij}	absolute Häufigkeit der Wertekombination ($X = x_i$ und $Y = y_j$)
s_{xy}	empirische Kovarianz
$r_{xy} = r$	empirischer Korrelationskoeffizient von Bravais-Pearson
$a_1 + b_1 \cdot x$	Regressionsgerade der Regression von Y auf X
$a_2 + b_2 \cdot y$	Regressionsgerade der Regression von X auf Y
B	empirisches Bestimmtheitsmaß
p_i^0	Preis für eine ME des Guts i im Basisjahr null
p_i^t	Preis für eine ME des Guts i im Berichtsjahr t
q_i^0	Menge des Guts i im Basisjahr null
q_i^t	Menge des Guts i im Berichtsjahr t
$P_{0t}^{Pa} = P^{Pa}$	Preisindex von Paasche mit dem Basisjahr null und dem Berichtsjahr t
$P_{0t}^{La} = P^{La}$	Preisindex von Laspeyres mit dem Basisjahr null und dem Berichtsjahr t
$Q_{0t}^{Pa} = Q^{Pa}$	Mengenindex von Paasche mit dem Basisjahr null und dem Berichtsjahr t
$Q_{0t}^{La} = Q^{La}$	Mengenindex von Laspeyres mit dem Basisjahr null und dem Berichtsjahr t
$W_{0t} = W$	Wertindex mit dem Basisjahr null und dem Berichtsjahr t

S	Ergebnismenge eines Zufallsexperiments
A	Ereignis
$\overline{A}$	Komplementärereignis
$A \cap B$	Durchschnitt der beiden Ereignisse A, B
$A \cup B$	Vereinigung der beiden Ereignisse A, B
$A \backslash B$	Differenz des Ereignisses A ohne das Ereignis B
$P(A)$	Wahrscheinlichkeit für das Eintreten des Ereignisses A
$P(A \mid B)$	bedingte Wahrscheinlichkeit für das Ereignis A, wenn das Ereignis B schon eingetreten ist
$\binom{n}{k}$	Binomialkoeffizient
F	empirische oder theoretische Verteilungsfunktion
$E[X] = \mu$	Erwartungswert der Zufallsvariablen X
$Var[X] = \sigma^2$	theoretische Varianz der Zufallsvariablen X
σ	theoretische Standardabweichung
p	Anteilswert in der Grundgesamtheit
$\mathbf{B}(n; p)$	Binomialverteilung mit den Parametern n und p
$\mathbf{H}(N; M; n)$	hypergeometrische Verteilung mit den Parametern N, M und n
$\mathbf{N}(\mu; \sigma^2)$	Normalverteilung mit den Parametern μ und σ^2
$\mathbf{N}(\mu; \sigma)$	Normalverteilung mit den Parametern μ und σ
F_U	Verteilungsfunktion der Standard-Normalverteilung
u_p	$p \cdot 100$-Prozentpunkt der Standard-Normalverteilung
$1 - \alpha$	Konfidenzniveau
$\widehat{p}$	Anteilswert in einer Stichprobe
ε	halbe Breite eines Konfidenzintervalls
H_0	Nullhypothese eines Tests
H_1	Gegenhypothese eines Tests
Fehler 1. Art	irrtümliche Ablehnung der Nullhypothese
α	theoretisches Signifikanzniveau eines Tests, obere Grenze für die Wahrscheinlichkeit des Fehlers 1. Art
p-**Wert**	kleinst-möglicher Wert für α, damit der Test zum Niveau α die Nullhypothese noch ablehnt
χ^2	Chi-Quadrat

Emoticons

 Lösungen

 Schwierigkeitsgrad/Bearbeitungszeit

 Häufig gemachte Fehler

 Tipp

 Wissenswertes/Hintergrundwissen

 Checkliste

 Formeln

 Literatur

Kapitel 1:
Wichtiges vorab

Es gibt viele Gründe, Statistik zu lernen.

Die meisten Studierenden lernen Statistik, weil das so in ihrem Studienverlaufsplan steht. Dabei verkennen sie die Bedeutung dieses Fachgebiets, denn im Berufsleben ist Statistik unverzichtbar.

In letzter Zeit mehren sich deswegen die Fälle von Studierenden fachfremder Fakultäten, die freiwillig ohne Anrechnung auf ihre Kreditpunkte die Statistik-Klausur mitschreiben, um in einem geplanten Masterstudium besser vorbereitet zu sein, als ihre Heim-Fakultät dies ermöglicht.

Auch im Privatleben hat die Statistik Einzug gehalten: im Mutterpass beispielsweise ist für den Vergleich der Entwicklung eines Kindes das zweifache zentrale Schwankungsintervall von gesund verlaufenen Schwangerschaften eingetragen, Schwellenwerte bei Blutuntersuchungen basieren ebenfalls auf Werten des zweifachen zentralen Schwankungsintervalls von gesunden Probanden, Deutung von Heilungschancen bei bestimmten Erkrankungen (diese werden ohne Statistik-Kenntnisse häufig falsch interpretiert), um nur einige Beispiele zu nennen.

1.1 Wieso Statistik?

Statistik ist unverzichtbar in den Wirtschaftswissenschaften.

Am häufigsten kommt die Statistik zur Anwendung, wenn erhobene Daten ausgewertet werden sollen. Aufgrund der fortschreitenden Digitalisierung fällt zunehmend sehr umfangreiches Datenmaterial an, aus dem Erkenntnisse und Entscheidungen abgeleitet werden sollen. Hierzu sind geeignete Auswertungsmethoden, die von der Statistik bereit gestellt werden, erforderlich.

Neben der Berechnung von Kennzahlen aus erhobenen Daten sind in der Statistik Prognosewerte von großer Bedeutung. Um die Güte/Präzision solcher Prognosewerte angeben zu können, wird die Wahrscheinlichkeitsrechnung herangezogen.

Kaum eine Abschlussarbeit im Fachgebiet Wirtschaftswissenschaften kommt ohne statistische Auswertungen aus. Erst dann wird den Studierenden die Wichtigkeit des Faches Statistik bewusst.

Spätestens im Berufsleben wird klar, in welcher Breite das Fach Statistik Einzug gehalten hat ins Berufsleben: Korrelationsberechnung im Personalwesen (Krankheitstage, offene Stellen, Überstunden etc.), Risikomaße im Finanzwesen (Erwartungswerte, Value at Risk, Volatilität etc.), durchschnittliche jährliche prozentuale Veränderungen (geometrisches Mittel), Sensitivitätsanalysen (bedingte Wahrscheinlichkeiten).

Was auch immer Ihr Grund ist, Statistik zu lernen, die nachfolgenden Kapitel sollen Sie dabei unterstützen, die Klausur mit einer guten Note abzuschließen.

1.2 Bearbeitungshinweise

Oft berichten Studierende, sie hätten alle Klausuraufgaben lösen können und seien nur deshalb durch die Klausur gefallen, weil sie für die Bearbeitung der Aufgaben mehr **Zeit** als vorgesehen benötigt hätten. Um diese Fehleinschätzung zu vermeiden und damit einem Nicht-Bestehen vorzubeugen, ist in diesem Buch bei jeder Aufgabe die jeweilige maximale Bearbeitungszeit vorgegeben. Stoppen Sie deshalb pro Aufgabe Ihre Bearbeitungszeit. Es reicht nicht, die Aufgaben lösen zu können, sondern eine Aufgabe muss binnen der Zeitvorgabe gelöst werden können.

Der **Schwierigkeitsgrad** einer Aufgabe wird in den drei Stufen (einfach, mittelschwer, schwer) vorgegeben. Diese Angaben sollen beim Lernen ein Feedback darstellen, wie weit oder wie nah diese Aufgabe am Lernziel liegt. Ein Prüfling ist in der Klausur häufig aufgeregt, sodass das Üben gerade von schweren Aufgaben sehr wichtig ist.

Ist eine **Teilaufgabe** alphabetisch nummeriert mit [a], [b], [c] usw., so ist die Reihenfolge der Bearbeitung der Aufgabe beliebig. Ist hingegen eine Teilaufgabe mit den Ziffern [1], [2], [3] usw. nummeriert, so muss diese Aufgabe auch genau in dieser Reihenfolge bearbeitet werden.

Das Üben für eine Statistik-Klausur sollte idealerweise in zwei Schritten vollzogen werden:

- Im ersten Schritt werden Aufgaben zu bestimmten Themen geübt, wobei die Überschriften des Themas dem Lernenden bekannt sind. Diese Aufgaben finden Sie im Kapitel 2 bis Kapitel 11.
- Im zweiten Schritt werden Aufgaben ohne Kenntnis der Einordnung des Themas, also ohne Überschriften, geübt. Diese Aufgaben finden Sie im Kapitel 12.

Formel-Navigator

Eine umfassende Formelsammlung befindet sich am Ende des Buches ab der Seite 177. Die Formeln sind nummeriert.

Die ausführlichen Lösungen zu den einzelnen Aufgaben beginnen ab der Seite 87. Zum besseren Verständnis dieser Musterlösungen wurde bei jedem Lösungsweg die zugehörige Nummer der Formel aus der Formelsammlung angegeben.

1.3 Vor der Klausur

Ein **Zeitplan**, wann was gelernt wird, ist für eine gute Klausur-Vorbereitung unerlässlich. Außerdem verschafft solch ein Zeitplan Zuversicht, die Klausur auch mit einer guten Note zu bestehen.

Zur Erstellung des Zeitplans schreiben Sie sich bitte alle klausurrelevanten Themen auf. Anschließend verteilen Sie die Themen gleichmäßig auf die verbleibenden Tage bis zur Klausur.

Für das Fach Statistik muss in zwei Stufen geübt werden. In der ersten Stufe wird das **Verständnis für die Formeln** aus der Formelsammlung geübt. Dazu werden in die Formeln Zahlen eingesetzt und die Rechnungen werden in den Taschenrechner eingetippt. Wird der Umgang mit den Formeln sicher beherrscht, folgt in einer zweiten Stufe das Erkennen, **was** überhaupt gerechnet werden soll. Dieses Erkennen ist in der Statistik schwieriger als das Rechnen.

Nichts beruhigt vor der Klausur die Nerven so gut wie das Erfolgserlebnis, Aufgaben lösen zu können.

Am Abend vor der Klausur legen Sie bitte sämtliche **Utensilien** für die morgige Klausur griffbereit hin: erlaubte Hilfsmittel wie z. B. Taschenrechner, Schreibmaterial mit Ersatzstift (kein Bleistift), Stifte in bunten Farben zum Markieren (bitte kein Rot), ggf. eine Uhr (Vorsicht: Mobiltelefone sind in Klausuren nicht zugelassen, sie gelten als Täuschungsversuch). Falls erlaubt, so nehmen Sie sich etwas zu trinken mit, am besten Wasser oder Tee. Und falls die Klausur lang ist, nehmen Sie sich auch etwas zu essen mit. Kaugummi und Nüsse sind sehr gut, weil sie die Durchblutung des Gehirns fördern.

1.4 Während der Klausur

Als erstes tragen Sie bitte Ihren Namen auf das Deckblatt der Klausur in das dafür vorgesehene Namensfeld ein.

Lesen Sie eine Aufgabe vor der Bearbeitung einmal komplett durch und achten dabei präzise darauf, **was** genau gefragt ist. Für richtige Antworten auf Fragen, die gar nicht gestellt wurden, gibt es keine Punkte.

Versuchen Sie, in der Klausur möglichst **viele Aufgaben** zu bearbeiten. Suchen Sie niemals einen **Rechenfehler**, wenn Ergebnisse Ihnen nicht sinnvoll erscheinen, da Rechenfehler einen geringeren Punktabzug bedeuten als fehlende bearbeitete Aufgaben. (Häufiger Fehler in der Klausur ist, dass eine Zahl aus der Aufgabenstellung falsch abgeschrieben wird. Diesen Fehler finden Sie während der Klausur nicht.)

Markieren Sie wichtige Informationen farblich. Als Buchstaben für Ereignisse wählen Sie die Anfangsbuchstaben der Ereignisse. Schreiben Sie Tabellen bitte nicht ab (das kostet zu viel Zeit), sondern ergänzen Sie die Tabellen in der Aufgabenstellung. Meistens lassen die Prüfer (w,m) in Tabellen genügend Platz für weitere Spalten oder für die letzte Zeile.

Fehlen Ihnen zum Weiterrechnen **Zwischenergebnisse**, so nehmen Sie einen Wert an, den Sie für geeignet halten. Notieren Sie das in Ihrer Klausur „Annahme: Der Wert beträgt ...“. Rechnen Sie anschließend mit diesem angenommenen Wert weiter, um den Prüfern zu zeigen, dass Sie das Verfahren beherrschen und um ggf. Folgepunkte zu erhalten.

Denken Sie an Antwortsätze, wenn die Aufgabe als Frage formuliert ist. Ein kurzer **Antwortsatz** lautet z. B.: „Der gesuchte Wert beträgt ....“

Kontrollieren Sie in der Klausur niemals Ihre Ergebnisse, indem Sie eine **Probe** rechnen. Es sei denn, Sie haben schon alle Aufgaben gelöst. Hintergrund ist, dass sich einige Prüflinge erst bei der Probe verrechnen und dann richtige Ergebnisse durchstreichen.

Manche Prüflinge geraten in Unruhe, wenn der Sitznachbar laut aufseufzt oder permanent mit den Füßen scharrt. (So ist häufig zu beobachten, dass beim Abbruch einer Klausur Sitznachbarn ebenfalls die Klausur abbrechen.) Versuchen Sie deshalb, die **Ruhe zu bewahren**. Sie haben jetzt keine andere Chance, außer dass Sie alles, was Sie können, aufschreiben. Und versuchen Sie dabei, eine Atmosphäre der Ruhe um sich zu erzeugen, ignorieren Sie die Geräusche Ihrer Sitznachbarn.

1.5 Nach der Klausur

Ist eine Klausur erst einmal abgegeben, so haben Sie keinen Einfluss mehr auf die Note.

Eine **Krankmeldung** nach Abgabe der Klausur sieht die Prüfungsordnung nicht vor. Das bedeutet, sobald Sie sich während des Schreibens einer Klausur krank fühlen, sollten Sie die Klausur abbrechen und noch am Klausurtag ein ärztliches Attest einholen und dem Prüfungsamt zukommen lassen, damit dieser Versuch, die Klausur mitzuschreiben, ggf. annulliert wird.

Tauschen Sie sich nach der Klausur mit anderen Prüflingen über die Ergebnisse der Aufgaben aus. Das beruhigt und schweißt zusammen.

1.6 Lotse durch Prüfungsfragen

Das Wichtigste in einer Klausur ist, dass der Prüfling erkennt, was zu berechnen ist. Das nachfolgende Diagramm weist den **Weg** durch Prüfungsfragen.

Das erste Kriterium ist, ob Beobachtungswerte vorliegen oder nicht:

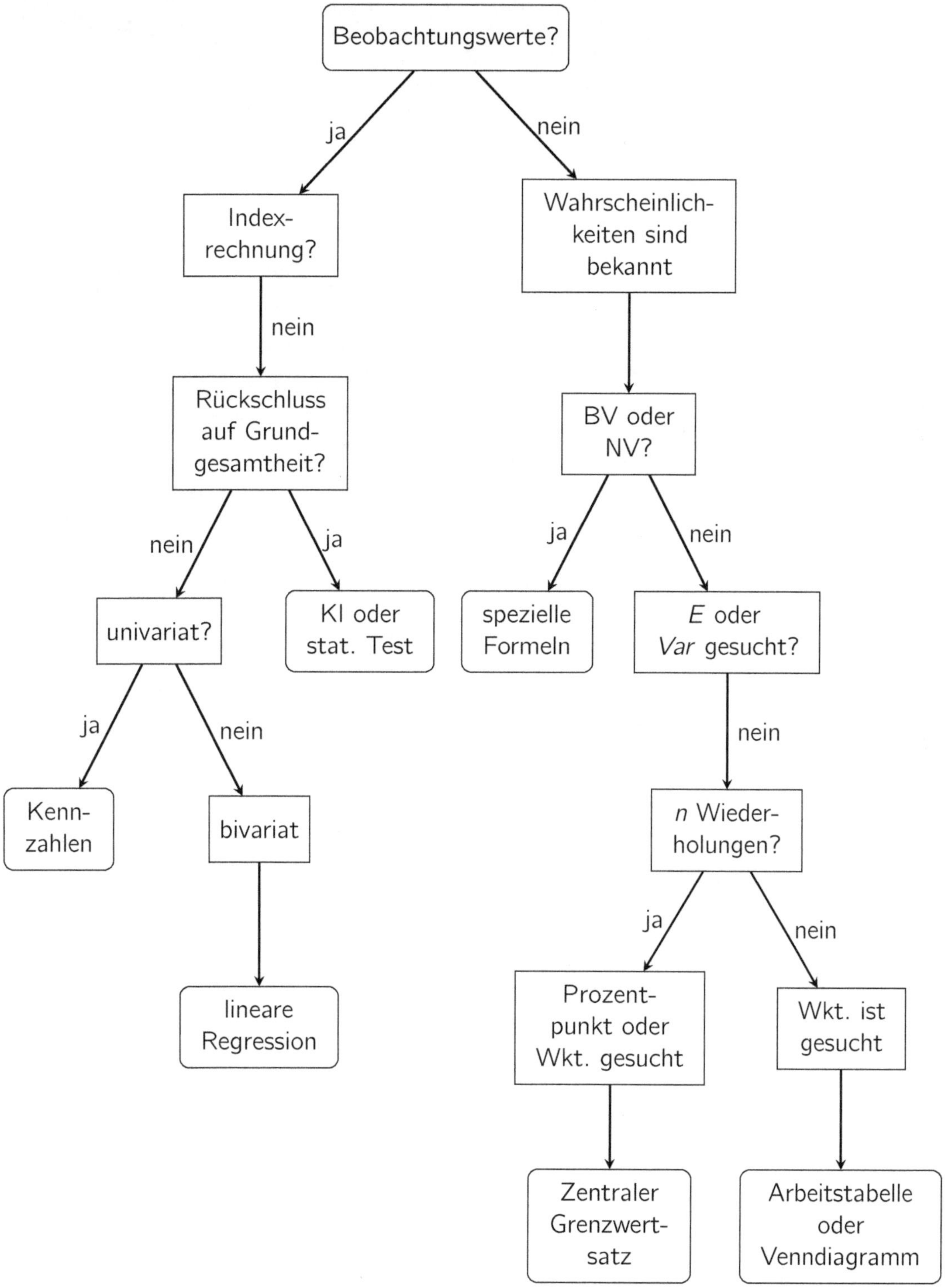

1.7 Checkliste zur Klausur

In der nachfolgenden Liste sind einige Punkte zusammengefasst, die zum Bestehen einer Klausur sehr hilfreich sind:

Checkliste: Daran sollten Sie unbedingt denken!

- Studierendenausweis mit Lichtbild mitnehmen.
- Uhr mitnehmen (Mobiltelefone zu Hause oder im Schließfach der Hochschule oder ausgeschaltet in Ihrer Aktentasche deponieren).
- Zugelassene Hilfsmittel wie z. B. Taschenrechner mitnehmen.
- Schreibutensilien plus Ersatzstift mitnehmen.
- Ggf. Trinken und Essen mitnehmen.
- Versuchen Sie in der Klausur ruhig zu bleiben unabhängig vom Verhalten Ihres Sitznachbarn.
- Lesen Sie eine Aufgabe vor der Bearbeitung einmal vollständig durch.
- Bearbeiten Sie so viele Aufgaben wie eben möglich.
- Suchen Sie keine Rechenfehler in der Klausur.
- Rechnen Sie niemals eine Probe in der Klausur.
- Erweitern Sie Tabellen im Aufgabentext, anstatt die Tabellen erneut abzuschreiben.
- Eine als Frage formulierte Aufgabe erfordert für die volle Punktzahl einen Antwortsatz.

Kapitel 2:
Skalierung von Variablen

Das sollten Sie wissen!

Es werden im Wesentlichen drei Skalierungen einer statistischen Variablen unterschieden: nominal, ordinal und metrisch.

- Eine diskrete statistische Variable kann gemäß einer dieser drei Skalierungen skaliert sein.
- Eine stetige statistische Variable ist metrisch skaliert. Werden jedoch die Beobachtungen $x_1, x_2, \ldots, x_n$ einer stetigen Variablen (z. B. „Einkommen") klassiert, so ist die transformierte Variable („Einkommensklasse"), die lediglich die Klassennummer j angibt, ordinal skaliert.

2.1 Diskrete Variablen

Aufgabe 2.1

Schwierigkeit: einfach **Zeit:** 4 Minuten

Ein Unternehmen hat die monatlichen Bruttogehälter in EUR in einem Produktionsbereich mit 200 Beschäftigten untersucht. Die Auswertung der Unterlagen der Buchhaltung lieferte die folgenden Werte:

Klassen-Nr.	Bruttomonatsgehalt über ... bis maximal ... (in EUR)	Anzahl Beschäftige
1	500 bis 1 500	40
2	1 500 bis 2 500	64
3	2 500 bis 3 500	80
4	3 500 bis 4 500	12
5	4 500 bis 5 500	4
Summe		200

Welche Skalierung weist die statistische Variable „monatliches Bruttogehaltsklasse eines Beschäftigten" auf? Ist die Variable stetig oder diskret? ◀

2.2 Stetige Variablen

Aufgabe 2.2

Schwierigkeit: einfach **Zeit:** 4 Minuten

Im Rahmen einer Befragung von 100 Studierenden wurde die wöchentliche Nachbereitungszeit in Stunden für die Vorlesungen Volkswirtschaftslehre und Statistik erfasst. Anschließend wurden die Daten klassiert. Die Ergebnisse der Befragung sind der folgenden Tabelle zu entnehmen:

Wöchentliche Nachbereitungszeit in Stunden	Volkswirtschaftslehre (Anzahl Studierende)	Statistik (Anzahl Studierende)
0 bis unter 0,5	20	18
0,5 bis unter 1,5	25	32
1,5 bis unter 2,5	25	20
2,5 bis unter 4	15	20
4 und länger	15	10

Welche Skalierung weist die Variable X = „wöchentliche Nachbereitungszeit in Stunden" auf? Ist diese Variable diskret oder stetig? ◀

2.3 Häufige Fehler in Klausuren

Fehler, die Sie vermeiden sollten!

Wird eine metrisch skalierte Variable durch Klassierungen transformiert, so ist die transformierte Variable ordinal skaliert und diskret. Dies wird in einer Klausur schnell übersehen.

Studierenden ist häufig die Bedeutung von Skalierung und Typ einer Variablen nicht bewusst. Die beiden Kriterien Skalierung und Typ sind jedoch ausschlaggebend dafür, welche statistischen Methoden benutzt werden dürfen.

Kapitel 3:

Kennzahlen aus Daten

Das sollten Sie wissen!

Kennzahlen aus Daten sind Anteilswerte, Prozentpunkte sowie empirische Lage- und Streuungsparameter. Die Berechnung dieser empirischen Kennzahlen orientiert sich daran, in welcher der drei Formen die Daten vorliegen:

- Einzeldaten/Urliste
- tabellierte Daten
- klassierte Daten

3.1 Einzeldaten

Aufgabe 3.1

Schwierigkeit: einfach **Zeit:** 8 Minuten

Für eine Studentin sind im Sommersemester 2008 folgende Ausgaben (in Euro) für Fachbücher angefallen:

März	April	Mai	Juni	Juli
50	60	40	30	20

[a] Wie viel Euro wurden durchschnittlich pro Monat für Bücher ausgegeben?

[b] Um wie viel Prozent sind die Bücherausgaben von März bis Juli

[1] insgesamt gesunken?

[2] durchschnittlich pro Monat gesunken?

[c] Berechnen Sie die Höhe der Schwankungen der Ausgaben anhand

[1] der Spannweite.

[2] der Standardabweichung. ◄

Aufgabe 3.2

Schwierigkeit: einfach **Zeit:** 10 Minuten

Bei einer Preiserhebung in sechs Einzelhandelsgeschäften werden für zwei Güter A und B folgende Preise in € pro Stück festgestellt:

Preis für Gut A (€/Stück)	Preis für Gut B (€/Stück)
5,50	22,20
5,50	20,80
6,90	22,90
5,40	20,40
5,20	25,00
6,00	21,00

[a] Berechnen Sie für jedes Gut den durchschnittlichen Preis aus den einzelnen Preisangaben.

[b] Bei welchem Gut fallen die Preisschwankungen zwischen den Einzelhandelsgeschäften geringer aus? Beantworten Sie diese Frage durch Berechnung einer geeigneten, aussagekräftigen statistischen Maßzahl und begründen Sie Ihre Wahl. ◄

Aufgabe 3.3

Schwierigkeit: schwer **Zeit:** 5 Minuten

Eine Testfahrerin soll eine Teststrecke einmal befahren und dabei die Durchschnittsgeschwindigkeit 60 km/h erzielen.

Auf der ersten Hälfte der Strecke erreicht die Testfahrerin die Durchschnittsgeschwindigkeit von 30 km/h. Ist es jetzt noch möglich, nach Befahren der zweiten Hälfte auf die gewünschte Durchschnittsgeschwindigkeit von 60 km/h zu kommen? Falls ja, mit welcher Geschwindigkeit müsste die Testfahrerin dann die zweite Hälfte befahren? ◄

3.2 Tabellierte Daten

Aufgabe 3.4

Schwierigkeit: mittelschwer **Zeit:** 8 Minuten

Das Prüfungsamt einer Hochschule veröffentlichte die Ergebnisse zweier Diplomprüfungen:

Note (verbal und als Ziffer)	Erste Diplomprüfung (Anzahl)	Zweite Diplomprüfung (Anzahl)
Sehr gut (1)	10	55
Gut (2)	20	35
Befriedigend (3)	30	15
Ausreichend (4)	25	40
Nicht bestanden (5)	15	55
Zusammen	100	200

[a] Bei welcher der beiden Diplomprüfungen war das Notenniveau besser? Begründen Sie Ihre Antwort durch Berechnung und Interpretation einer geeigneten statistischen Maßzahl!

[b] Welche Note der ersten Diplomprüfung wird von 60 % aller Prüflinge mindestens erreicht?

[c] Bei welcher der beiden Diplomprüfungen waren die Notenunterschiede größer? Begründen Sie Ihre Antwort durch Berechnung und Interpretation einer geeigneten statistischen Maßzahl! ◀

Aufgabe 3.5

Schwierigkeit: mittelschwer **Zeit:** 10 Minuten

Ergebnisse der Klausuren „VWL-Teilprüfung I“ und „VWL-Teilprüfung II“ am Fachbereich Wirtschaft einer Hochschule:

Note	Differenzierte Note	Anzahl der Prüfungsteilnehmer		Anteil der Prüfungsteilnehmer (in %)	
		Teilprüf.I	Teilprüf.II	Teilprüf.I	Teilprüf.II
Sehr gut	1,0	3	3	2	2
	1,3	8	0	5	0
Gut	1,7	9	2	6	1
	2,0	17	8	11	6
	2,3	14	11	9	8
Befriedigend	2,7	16	15	10	11
	3,0	14	20	9	14
	3,3	10	10	6	7
Ausreichend	3,7	16	20	10	14
	4,0	17	22	11	16
Nicht bestanden	5,0	31	30	20	21
$\sum$		155	141	≈ 100	100

[a] Welche statistischen Maßzahlen sind dazu geeignet, um das Leistungsniveau in beiden Klausuren miteinander zu vergleichen?
Nennen Sie eine solche Maßzahl.

[b] In welcher der beiden Klausuren waren die Leistungsunterschiede, gemessen an den Noten(unterschieden), größer? Kennzeichnen und vergleichen Sie die Leistungsunterschiede in beiden Klausuren durch Berechnung und Interpretation einer geeigneten statistischen Maßzahl. Begründen Sie dabei die Auswahl der Maßzahl.

[c] Sie haben zur Lösung der Teil-Aufgabe [a] für beide Klausuren eine statistische Maßzahl vorgeschlagen, die das Leistungsniveau kennzeichnet. Wovon hängt die Aussagekraft einer solchen Maßzahl zur Kennzeichnung des Leistungsniveaus ab? Begründen Sie bitte Ihre Antwort. ◀

3.3 Klassierte Daten

Aufgabe 3.6

Schwierigkeit: mittelschwer **Zeit:** 15 Minuten

Von je 1 000 Rentnerinnen bzw. Rentnern bekommen in Deutschland eine monatliche Rente (Quelle: VDR, Stand Ende 2002):

von	Frauen	Männer
unter 150 Euro	112	45
150 bis unter 300	187	44
300 bis unter 450	131	42
450 bis unter 600	162	52
600 bis unter 750	196	78
750 bis unter 900	112	113
900 bis unter 1 200	77	299
1 200 bis unter 1 500	20	226
1 500 Euro und mehr	3	101

[a] Vergleichen Sie das Rentenniveau von Rentnerinnen und Rentnern anhand einer statistischen Maßzahl. Welches Geschlecht bezieht die höhere Rente?

[b] Vergleichen Sie die Rentenunterschiede bei den Männern mit den Rentenunterschieden bei den Frauen. Bei welchem Geschlecht sind die Unterschiede stärker?

[c] Welche Rentenhöhe wird von 90 % aller Rentnerinnen nicht überschritten? ◄

Aufgabe 3.7

Schwierigkeit: mittelschwer **Zeit:** 15 Minuten

Laut dem Statistischen Bundesamt in Wiesbaden beträgt das monatliche Gesamteinkommen (Stand 2012) von Alleinstehenden (Angaben in Prozent):

Klasse	Frauen	Männer
unter 750 €	15	10
750 – 1 000	21	13
1 000 – 1 250	20	16
1 250 – 1 500	15	18
1 500 – 1 750	10	14
1 750 – 2 000	7	9
2 000 – 3 000	10	13
3 000 – 4 000	1	4
4 000 € und höher	1	3

[a] [1] Berechnen Sie das mediane Einkommen der alleinstehenden Frauen.
[2] Berechnen Sie das mediane Einkommen der alleinstehenden Männer.
[3] Um wie viel Prozent ist das mediane Einkommen der Männer höher?

[b] Wie viel Prozent der alleinstehenden Frauen haben ein monatliches Einkommen über 2 500 €?

[c] Wie viel Prozent der alleinstehenden Männer haben ein monatliches Einkommen unter 1 600 €?

[d] Wie viel Prozent der alleinstehenden Frauen haben ein monatliches Einkommen von mindestens 2 000 €? ◄

Aufgabe 3.8

Schwierigkeit: mittelschwer **Zeit:** 15 Minuten

Bei einer Umfrage unter 5 000 US-Bürgern bzgl. ihres Fernsehkonsums (in Stunden pro Woche) und ihres Rentnerstatus (nein, ja) ergaben sich folgende Daten (Angaben in Prozent):

TV-Konsum	Rentner	
Stunden/Woche	nein	ja
von 0 bis 17	29,6	37,6
über 17 bis 21	35,7	30,6
über 21 bis 36	34,7	31,8

[a] Welche der beiden Gruppen (Rentner, Nicht-Rentner) sieht länger fern?

[b] Wie viel Prozent der Nicht-Rentner sieht über 28 Stunden pro Woche fern?

[c] Welcher TV-Konsum (in Stunden pro Woche) wird von 25 % aller Rentner überschritten?

[d] Wie stark schwankt der TV-Konsum von Rentnern gemessen mit der Standardabweichung?

[e] Wie viel Prozent der Rentner konsumieren höchstens 21 Stunden TV pro Woche? ◄

Aufgabe 3.9

Schwierigkeit: mittelschwer **Zeit:** 8 Minuten

Die Altersverteilung in einer Kleinstadt mit 32 900 Einwohnern sieht wie folgt aus:

Alter	Einwohner	
in Jahren	weiblich	männlich
0 bis 11	1 400	1 500
über 11 bis 18	2 900	3 100
über 18 bis 25	4 400	4 600
über 25	8 000	7 000

Der Raucher-Anteil nach Geschlecht getrennt beträgt in den verschiedenen Altersklassen:

Alter in Jahren	Raucher weiblich	Raucher männlich
über 11 bis 18	12 %	14 %
über 18 bis 25	37 %	36 %
über 25	28 %	33 %

[a] Wie viel Prozent der über 11-jährigen weiblichen Einwohner rauchen?

[b] Wie viel Prozent der über 11-jährigen Einwohner rauchen?

[c] Wie viel Prozent der Raucher (über 11 Jahre) sind weiblich? ◄

Aufgabe 3.10

Schwierigkeit: mittelschwer **Zeit:** 8 Minuten

In einem Flughafen wurde an einem Tag die Wartezeit (in Minuten) der Fluggäste vor der Gepäckaufgabe gemessen. In der nachfolgenden Tabelle wurde festgehalten, wie hoch der Anteil der wartenden Fluggäste war:

Wartezeit (in Min)	Anteil
0 bis 10	10 %
über 10 bis 20	70 %
über 20 bis 60	20 %

[a] Wie hoch ist in etwa der Anteil der Fluggäste, die mehr als 30 Minuten warten müssen?

[b] Wie lange muss im Durchschnitt ein Fluggast warten, bis er sein Gepäck aufgeben kann?

[c] Wie hoch ist die mediane Wartezeit eines Fluggastes?

[d] Sind die durchschnittliche und die mediane Wartezeit eines Fluggastes unterschiedlich groß? Falls ja, wieso unterscheiden sich diese beiden Kennzahlen? ◄

3.4 Häufige Fehler in Klausuren

Fehler, die Sie vermeiden sollten!

In der Klausur gibt es bei der Berechnung von Kennzahlen drei Fehlerschwerpunkte.

- Erstens wird bei klassierten Daten die Einfallsklasse j nicht korrekt erkannt.
- Zweitens wird nicht der richtige Lageparameter berechnet wird, wenn nach einem Durchschnittswert gefragt ist.
- Und drittens gibt es Unsicherheiten beim Einsetzen von Zahlen in die Formeln, falls der Stichprobenumfang n unbekannt ist.

Um Anteilswerte oder Prozentpunkte berechnen zu können, müssen zunächst die kumulierten relativen Häufigkeiten berechnet werden ganz gleich, ob die Daten als Einzeldaten, tabellierte Daten oder klassierte Daten vorliegen.

Tipp!

Korrekte Einfallsklasse bei klassierten Daten:

- Für Anteilswerte $F(x)$ (Formel 1) ist die Klasse j genau dann die korrekte Einfallsklasse, wenn x zwischen der Klassenuntergrenze x_{j-1}^* und der Klassenobergrenze x_j^* liegt.
- Für Prozentpunkte x_p (Formel 2) ist diejenige Klasse die korrekte Einfallsklasse j, deren kumulierte relative Häufigkeit entweder genau so groß ist wie p (wie z. B. in Aufgabe 3.6 [c]) oder erstmals größer ist als p (wie z. B. in Aufgabe 3.7 [a]).

An empirischen Lageparametern kennen wir das arithmetische Mittel, das geometrische Mittel, das harmonische Mittel sowie den Modus und den Median.

Tipp!

Richtiger Lageparameter:

Ist nach einem Durchschnittswert gefragt, so wird unterschieden, ob es sich um eine durchschnittliche Wachstumsangabe in Prozent handelt oder nicht.

- Ist nach einem durchschnittlichen Wachstum in Prozent pro Jahr gefragt, so muss das geometrische Mittel (Formel 8) aus den Faktoren berechnet werden wie z. B. in Aufgabe 7.1 [c] oder in Aufgabe 7.5 [b].
- Ist nach dem Durchschnittswert einer Beziehungszahl (Quotient zweier Maßeinheiten) wie z. B. Durchschnittsgeschwindigkeit (km/h) gefragt, so wird häufig ein

harmonisches Mittel (Formel 9) berechnet. Um bei der Berechnung der durchschnittlichen Beziehungszahl Fehler zu vermeiden, sollte hier nicht die Formel 9 für das harmonische Mittel benutzt werden. Stattdessen sollte mit dem Quotienten der beiden Anzahlen gerechnet werden wie z. B. in Aufgabe 3.3.

- Ist hingegen nach einem Durchschnittswert in Gramm oder Euro usw. gefragt, so muss das arithmetische Mittel (Formel 5 bzw. 6 bzw. 7)) berechnet werden.

Ist nach einem medianen Wert gefragt, so wird der 50 %-Punkt (Formel 2) berechnet, also der Wert, der von 50 % aller Befragten nicht überschritten wird.

Ist danach gefragt, welcher Beobachtungswert in der Stichprobe am häufigsten vorkommt, so ist der Modus (Formel 4) zu berechnen. Der Modus muss nicht eindeutig sein.

Tipp!

Stichprobenumfang unbekannt:

Ist der Stichprobenumfang n unbekannt, d. h. liegen keine absoluten Häufigkeiten vor, so können ersatzweise mit $n = 100$ die Prozentzahlen als absolute Werte betrachtet werden wie z. B. in Aufgabe 3.8 [a].

Kapitel 4:

Rechnen mit Wahrscheinlichkeiten

Das sollten Sie wissen!

Die Lösungswege zur Berechnung von Wahrscheinlichkeiten von Ereignissen unterscheiden sich zum einen dadurch, wie viele Ereignisse vorliegen und ob einige Ereignisse eine Zerlegung darstellen. Oder ob es sich um eine Laplace-Wahrscheinlichkeit handelt.

- Für zwei Ereignisse A, B kann immer eine Arbeitstabelle aufgestellt werden.
- Für drei Ereignisse A, B, C, die keine Zerlegung darstellen, kann immer ein Venndiagramm gezeichnet werden.
- Für drei oder mehr Ereignisse, die eine Zerlegung darstellen, kann eine Arbeitstabelle aufgestellt werden.
- Laplace-Wahrscheinlichkeiten werden mit einer der vier Abzählformeln 23, 24, 25, 26 aus dem Formelteil am Ende des Buches bestimmt.

4.1 Zwei Ereignisse

Aufgabe 4.1

Schwierigkeit: schwer **Zeit:** 8 Minuten

Bei einer Sicherheitskontrolle am Flughafen wird etwa bei jedem fünfzigsten Handgepäckstück Alarm ausgelöst, dass sich ein verbotener Gegenstand in diesem Gepäckstück befindet. Bei den Gepäckstücken, die einwandfrei sind, wird etwa bei jedem hundertsten

Gepäckstück trotzdem ein Alarm ausgelöst. Bei den Gepäckstücken, die verbotene Gegenstände enthalten, passiert etwa jedes fünfundzwanzigste Gepäckstück ohne Alarm die Sicherheitskontrollen.

Bei einem Gepäckstück wurde Alarm ausgelöst. Wie hoch ist die Wahrscheinlichkeit, dass es tatsächlich verbotene Gegenstände enthält? ◄

Aufgabe 4.2

Schwierigkeit: schwer **Zeit:** 8 Minuten

Autofarbe der 2003 in Deutschland zugelassenen Pkw (Quelle: ADACmotorwelt 3/2004):

Farbe	silber/grau	schwarz	blau	grün	rot	weiß	sonstige
Anteil	44,9 %	22,6 %	18,6 %	5,0 %	4,6 %	2,4 %	1,9 %

[a] Wie viel Prozent der 2003 zugelassenen Pkw waren entweder silber/grau oder schwarz oder blau?

[b] Ein Pkw wurde 2003 zugelassen und hat einen Unfall verursacht. Wie groß muss für diesen Pkw die Wahrscheinlichkeit sein, dass er schwarz lackiert ist, damit für die 2003 zugelassenen Pkw die Ereignisse:

$$A = \text{Pkw-Farbe ist schwarz}$$

$$B = \text{Pkw verursacht einen Unfall}$$

stochastisch unabhängig sind? ◄

Aufgabe 4.3

Schwierigkeit: schwer **Zeit:** 10 Minuten

Auf einer Feier soll eine Verlosung stattfinden. Dazu wurden 50 Lose mit den Nummern 1,2,3, ...,50 beschriftet und verkauft. Es ist vorgesehen, aus diesen 50 Losen einen Hauptgewinn und zwei Trostpreise zu ziehen. Frau Z. hat genau ein Los gekauft.
Bei der Ziehung der Lose stehen zwei alternative Verfahren zur Debatte.

[1] Verfahren 1: Zuerst wird aus den 50 Losen die Losnummer des Hauptgewinns gezogen. Anschließend werden aus den restlichen 49 Losen nacheinander die beiden Trostpreise gezogen.

  [a] Wie groß ist die Wahrscheinlichkeit, dass Frau Z. den Hauptgewinn erhält?
  [b] Wie groß ist die Wahrscheinlichkeit, dass Frau Z. einen Trostpreis erhält?

[2] Verfahren 2: Zuerst werden nacheinander die zwei Trostpreise gezogen. Anschließend wird aus den restlichen 48 Losen der Hauptgewinn gezogen.

  [a] Ändert sich jetzt im Vergleich zu Verfahren 1 die Wahrscheinlichkeit dafür, dass Frau Z. den Hauptgewinn erhält? Berechnen Sie die Wahrscheinlichkeit.
  [b] Und ändert sich jetzt im Vergleich zu Verfahren 1 die Wahrscheinlichkeit dafür, dass Frau Z. einen Trostpreis erhält? Berechnen Sie die Wahrscheinlichkeit. ◄

Aufgabe 4.4

Schwierigkeit: schwer	**Zeit:** 15 Minuten

Der Anteil der TBC-Kranken in der Bevölkerung beträgt 0,2 %. Durch Röntgen-Tests werden 90 % aller untersuchten TBC-Kranken entdeckt, während 5 % der TBC-freien Personen irrtümlich als TBC-verdächtig klassifiziert werden. Eine Person wird aufgrund eines Röntgen-Tests als TBC-verdächtig eingestuft. Wie groß ist die Wahrscheinlichkeit, dass sie tatsächlich TBC-krank ist? ◄

4.2 Drei oder mehr Ereignisse

Aufgabe 4.5

Schwierigkeit: schwer	**Zeit:** 15 Minuten

Im Jahr 2007 kamen 74 % aller Hochschulabsolventen von einer Uni, 25 % von einer FH und 1 % von einer Berufsakademie. Unterstellen Sie für diese Absolventen folgende Daten (Zahlen sind angelehnt an eine Umfrage der DIHK):
Rund 54 % der eingestellten Hochschulabsolventen kamen von einer Uni, 37 % von einer FH und 9 % von einer Berufsakademie. Gehen Sie davon aus, dass insgesamt 10 % aller Hochschulabsolventen im Jahr 2007 eingestellt wurden.

[a] Wie viel Prozent der Uni-Absolventen wurden eingestellt?

[b] Wie viel Prozent der FH-Absolventen wurden eingestellt?

[c] Wie viel Prozent der Berufsakademie-Absolventen wurden eingestellt? ◄

Aufgabe 4.6

Schwierigkeit: schwer **Zeit:** 15 Minuten

„Die Älteren lieben neue Autos" (Quelle: Aral-Marktforschung, KBA). Fast zwei Drittel der sogenannten Generation 60 plus, genau 63 Prozent, besitzen einen Neuwagen. Auf die Frage „Haben Sie Ihr Auto neu oder gebraucht gekauft?" antworteten im März 2006 bei einer Umfrage in Deutschland die Fahrzeughalter wie folgt:

Alter	Gebrauchtwagen	Vorführwagen	Neuwagen	Fahrzeughalter
18 – 29	73 %	14 %	13 %	10 %
30 – 39	44 %	19 %	37 %	20 %
40 – 49	44 %	17 %	39 %	26 %
50 – 59	36 %	15 %	49 %	20 %
60 plus	23 %	14 %	63 %	24 %

[a] Wie viel Prozent der Halter eines Neuwagens sind

[1] mindestens 60 Jahre alt?

[2] 18 bis 29 Jahre alt?

[3] 30 bis 59 Jahre alt?

[b] Sind die Ereignisse „zufällig befragter Fahrzeughalter kaufte einen Neuwagen" und „zufällig befragter Fahrzeughalter ist mindestens 60 Jahre alt" stochastisch unabhängig? ◄

Aufgabe 4.7

Schwierigkeit: schwer **Zeit:** 15 Minuten

Ein Unternehmen beschäftigt die drei Arbeiter A, B, C. Eine Prämie in Höhe von 1 000 GE soll unter den drei Arbeitern A, B und C leistungsbezogen aufgeteilt werden. Von der Produktionsmenge wurden

- 10 % aller Produktionsstücke von den Arbeitern A und B bearbeitet.
- 2 % aller Produktionsstücke von allen drei Arbeitern bearbeitet.
- 33 % aller Produktionsstücke nur von Arbeiter A bearbeitet.

- 22 % aller Produktionsstücke nur von Arbeiter B bearbeitet.
- 25 % aller Produktionsstücke nur von Arbeiter C bearbeitet.
- 5 % aller Produktionsstücke von den Arbeitern B und C bearbeitet.
- 9 % aller Produktionsstücke von den Arbeitern A und C bearbeitet.

Wie lässt sich die Prämie unter den drei Arbeitern leistungsbezogen aufteilen? ◄

4.3 Laplace-Wahrscheinlichkeiten

Aufgabe 4.8

Schwierigkeit: schwer **Zeit:** 15 Minuten

Wie hoch ist in einer Gruppe mit 23 Personen die Wahrscheinlichkeit, dass

[a] alle an verschiedenen Tagen Geburtstag haben?

[b] mindestens zwei Personen am selben Tag Geburtstag haben? ◄

4.4 Häufige Fehler in Klausuren

Fehler, die Sie vermeiden sollten!

Der klassische Fehler beim Rechnen mit Wahrscheinlichkeiten ist die Verwechslung der bedingten Wahrscheinlichkeit $P(A \mid B)$ mit der Wahrscheinlichkeit vom Durchschnitt $P(A \cap B)$. Insb. wenn Deutsch nicht die Muttersprache ist, fällt es Studierenden häufig schwer, diese beiden Wahrscheinlichkeiten sicher auseinander zu halten.

Tipp!

Um die Verwechslung der beiden Wahrscheinlichkeiten $P(A \mid B)$ und $P(A \cap B)$ zu vermeiden, wollen wir uns hier einige übliche sprachliche Formulierungen zusammenfassend anschauen. Nehmen wir dazu an, A bezeichnet das Ereignis, dass eine zufällig aus der Grundgesamtheit ausgewählte Person ein Auto besitzt und B bezeichnet den Besitz eines Bootes. Dann kann nach $P(A \mid B)$ wie folgt gefragt werden:

- Jemand besitzt ein Boot. Wie groß ist die Wahrscheinlichkeit, dass er auch ein Auto besitzt?

- Wie hoch ist unter den Bootsbesitzern der Anteil der Autobesitzer?
- Wie hoch ist die Wahrscheinlichkeit, dass jemand, der ein Boot besitzt, auch ein Auto besitzt?

Hingegen kann nach $P(A \cap B)$ wie folgt gefragt werden:

- Wie hoch ist der Anteil der Personen in der Grundgesamtheit, die sowohl ein Auto als auch ein Boot besitzen?
- Wie groß ist die Wahrscheinlichkeit, dass jemand sowohl ein Auto als auch ein Boot besitzt?
- Wie viel Prozent aller Personen aus der Grundgesamtheit sind Bootsbesitzer, die auch ein Auto besitzen?
- Wie viel Prozent aller Personen aus der Grundgesamtheit sind Autobesitzer, die auch ein Boot besitzen?

Fehler, die Sie vermeiden sollten!

Ein weiterer häufiger Fehler ist, dass zwar eine bedingte Wahrscheinlichkeit $P(A \mid B)$ erkannt wird, jedoch die Bedingung B mit dem Ereignis A vertauscht wird.

Tipp!

Die fehlerhafte Vertauschung von Ereignis und Bedingung kann durch eine Überschlagsrechnung vermieden werden.

- Für z. B. die obigen Ereignisse $A =$ Auto, $B =$ Boot ist in der Grundgesamtheit Deutschland die Wahrscheinlichkeit $P(A \mid B)$ sehr hoch, da fast jeder Bootsbesitzer auch ein Auto besitzt allein schon deshalb, um zu seinem Anlegeplatz zu gelangen.
- Hingegen ist die Wahrscheinlichkeit $P(B \mid A)$ sehr klein, da selbst unter den Autobesitzern der Anteil der Bootsbesitzer sehr gering ist.

Kapitel 5:

Zufallsvariablen

Tipp!

Bei der Berechnung von Wahrscheinlichkeiten dafür, dass der Wert einer Zufallsvariablen in einem bestimmten Bereich liegt, z. B. $X = 4$, kann wahlweise auch mit Buchstaben für Ereignisse, z. B. $A = \{X = 4\}$, gerechnet werden.

5.1 Stochastische Unabhängigkeit

Aufgabe 5.1

Schwierigkeit: schwer **Zeit:** 15 Minuten

Sind beim zweimaligen Würfeln die beiden Zufallsvariablen X = „Minimum der beiden Augenzahlen" und Y = „Maximum der beiden Augenzahlen" stochastisch unabhängig? ◄

5.2 Verteilung der Summe

Aufgabe 5.2

Schwierigkeit: schwer **Zeit:** 15 Minuten

Zwei Autovermieter Budget Car und Hertz teilen sich einen gemeinsamen Parkplatz zur Rückgabe ihrer Mietwagen. Der Parkplatz verfügt über sieben Stellplätze. Bei Budget Car geschieht die Rückgabe gemäß der folgenden Verteilung:

zurückgegebene Autos	0	1	2	3	4
Wkt.	0,1	0,4	0,3	0,1	0,1

Bei Hertz geschieht die Rückgabe gemäß der folgenden Verteilung:

zurückgegebene Autos	0	1	2	3	4	5
Wkt.	0,1	0,2	0,3	0,1	0,2	0,1

Die Rückgabe bei Budget und Hertz geschieht stochastisch unabhängig voneinander. Wie groß ist die Wahrscheinlichkeit, dass

[a] genau sieben Mietwagen zurückgegeben werden?

[b] die Stellplätze auf dem Parkplatz nicht ausreichen?

[c] dass die Stellplätze auf dem Parkplatz ausreichen? ◀

5.3 Parameter

Das sollten Sie wissen!

Erwartungswert, theoretische Varianz und theoretische Standardabweichung sind Parameter der Verteilung einer Zufallsvariablen.

- Um die Varianz berechnen zu können, muss zunächst der Erwartungswert berechnet werden.
- Um die Standardabweichung berechnen zu können, muss zunächst die Varianz berechnet werden.

Aufgabe 5.3

Schwierigkeit: mittelschwer **Zeit:** 15 Minuten

[a] Gegeben sei die diskrete Zufallsvariable X mit folgenden Wahrscheinlichkeiten:

x	0	1	2	3	4
Wkt.	30 %	40 %	20 %	7 %	3 %

[1] Berechnen Sie den Erwartungswert. Was sagt dieser Erwartungswert aus?

[2] Berechnen Sie die Standardabweichung der Zufallsvariablen X. Was gibt die Standardabweichung an?

[b] Ein Unternehmen arbeitet zu Planungszwecken für die Werktage Montag, Dienstag, Mittwoch, Donnerstag und Freitag bezogen auf die Zufallsvariable $X =$ „Anzahl der Kunden pro Werktag“ mit folgenden Wahrscheinlichkeiten:

Anzahl der Kunden pro Werktag	Wahrscheinlichkeit
0	0 %
1	2 %
2	8 %
3	20 %
4	30 %
5	40 %

Der Deckungsbeitrag pro Kunde beträgt 3 GE. Die Fixkosten betragen 8 GE pro Werktag. Berechnen Sie den Erwartungswert und die Standardabweichung der Zufallsvariablen $Y =$ „Gewinn (in GE) pro Werktag“. ◄

5.4 Häufige Fehler in Klausuren

Fehler, die Sie vermeiden sollten!

Bei der Berechnung der gemeinsamen Verteilung zweier Zufallsvariablen X, Y treten häufig deshalb Fehler auf, weil nicht klar ist, was ein Minimum oder ein Maximum oder die Summe zweier Zahlen ist.

Tipp!

Das Minimum zweier Geldbeträge ist der kleinere Betrag der beiden Beträge z. B. $\min\{5, 10\} = 5$. Sind beide Geldbeträge gleich hoch, so ist das Minimum einer der beiden Beträge z. B. $\min\{5, 5\} = 5$.

Das Maximum zweier Geldbeträge ist der größere Betrag der beiden Beträge z. B. $\max\{5, 10\} = 10$. Sind beide Geldbeträge gleich hoch, so ist das Maximum einer der beiden Beträge z. B. $\max\{5, 5\} = 5$.

Für die Summe zweier Geldbeträge werden die beiden Beträge addiert z. B. $X = 5$, $Y = 10$ ergibt $X + Y = 15$.

Kapitel 6:
Lineare Regression

Das sollten Sie wissen!

Die Formelsammlung hält zwei Formeln für eine Regressionsgerade bereit: $y = a_1 + b_1 \cdot x$ (Formel 52) und $x = a_2 + b_2 \cdot y$ (Formel 55).

- Mit der Regressionsgeraden $y = a_1 + b_1 \cdot x$ wird aufgrund eines unabhängigen x-Wertes ein von x abhängiger Prognosewert y berechnet. Diese Regression wird auch als Regression von Y auf X bezeichnet, weil der y-Wert auf dem x-Wert basiert.
- Hingegen wird mit der Regressionsgeraden $x = a_2 + b_2 \cdot y$ aufgrund eines unabhängigen y-Wertes ein von y abhängiger Prognosewert x berechnet. Diese Regression wird auch als Umkehrregression von X auf Y bezeichnet, weil umgekehrt der x-Wert auf dem y-Wert basiert.

6.1 Regression

Aufgabe 6.1

Schwierigkeit: mittelschwer **Zeit:** 15 Minuten

In einer Abteilung eines Unternehmens betragen in den ersten vier Wochen des Jahres 2014 die Anzahl der offenen Stellen und die geleisteten Überstunden:

Woche	Anzahl offener Stellen	Überstunden
1	1	37
2	0	5
3	2	50
4	4	168

[a] Erklären Sie in einer Regression die geleisteten Überstunden durch die Anzahl offener Stellen. Mit wie vielen Überstunden ist dann zu rechnen, wenn in der ersten Februarwoche von 2014 drei Stellen offen sind?

[b] Interpretieren Sie den Wert der Steigung der Regressionsgeraden unter Teilaufgabe [a].

[c] Ist der unter Teilaufgabe [a] berechnete Prognosewert aus statistischer Sicht verlässlich? ◀

Aufgabe 6.2

Schwierigkeit: mittelschwer **Zeit:** 15 Minuten

Es wird vermutet, dass die Auslieferungszeit (in Minuten) eines Lieferantenfahrers linear abhängt von der Anzahl der zu beliefernden Kunden. An den vergangenen vier Tagen ergaben sich folgende Werte:

Tag	Auslieferungszeit	Kunden
1	250	12
2	500	24
3	750	39
4	720	38

[a] Wie lautet die lineare Regressionsgerade?

[b] Interpretieren Sie den Wert der Steigung der Regressionsgeraden.

[c] Mit welcher Auslieferungszeit ist gemäß der Regressionsgeraden zu rechnen, wenn 20 Kunden beliefert werden sollen?

[d] Ist der unter Teilaufgabe [c] berechnete Prognosewert aus statistischer Sicht verlässlich? ◀

6.2 Umkehrregression

Aufgabe 6.3

Schwierigkeit: mittelschwer **Zeit:** 15 Minuten

Zwischen dem Verkaufspreis (in Cent pro Stück) und dem Absatz (in ME pro Woche) von Teepackungen wird ein linearer Zusammenhang vermutet. Die Preise und die Absatzmengen der letzten vier Wochen lauten wie folgt:

Preis	Absatz
139	60
199	30
149	50
169	40

[a] In der kommenden Woche soll ein Absatz von 45 ME erzielt werden. Welcher Preis ist dazu gemäß einem linearen Regressionsmodell anzusetzen?

[b] [1] Welcher Absatz ist bei einem Preis von 179 Cent pro Packung zu erwarten?

[2] Um wie viele ME sinkt der Absatz bei einer Preiserhöhung um einen Cent?

Hinweis: Ziehen Sie für Ihre Berechnungen ein lineares Regressionsmodell heran.

[c] Berechnen Sie die Korrelation zwischen Preis und Absatz. Interpretieren Sie das Vorzeichen und die Stärke der Korrelation.

[d] Wie verlässlich ist der Prognosewert

[1] unter Teilaufgabe [a]? (Begründung!)

[2] unter Teilaufgabe [b]? (Begründung!) ◀

Das sollten Sie wissen!

Eine lineare Regression wird in der Literatur auch als Methode der kleinsten Quadrate bezeichnet.

Aufgabe 6.4

Schwierigkeit: mittelschwer **Zeit:** 15 Minuten

Ein PC-Händler verzeichnet in Abhängigkeit vom Verkaufspreis folgenden Absatz an PCs in den letzten fünf Verkaufsperioden:

Absatz in ME	Preis in GE pro ME
20	2
22	1,9
16	2,2
18	2,1
25	1,8

[a] Welcher Absatz ist gemäß der Methode der kleinsten Quadrate zu erwarten, wenn ein Preis von 1,6 GE pro ME für die kommende Verkaufsperiode angesetzt wird?

[b] Welcher Verkaufspreis ist gemäß der Methode der kleinsten Quadrate anzunehmen, damit der Absatz in der kommenden Verkaufsperiode 24 ME beträgt?

[c] Wie verlässlich sind die Berechnungen unter Teilaufgabe [a] und unter Teilaufgabe [b]? (Begründung!) ◄

6.3 Häufige Fehler in Klausuren

Fehler, die Sie vermeiden sollten!

In der Klausur gibt es zwei häufige Fehler bei Aufgaben zur linearen Regression.

- Erstens wird der Stichprobenumfang n nicht korrekt erkannt.
- Und zweitens herrscht Unklarheit darüber, welche der beiden Variablen die unabhängige Variable ist und welche Variable die abhängige Variable ist.

Tipp!

Zum Stichprobenumfang:

Für eine Regressionsaufgabe werden die Werte von genau zwei statistischen Variablen X und Y pro Befragten benötigt z. B. „Körpergröße" und „Körpergewicht". Der Stichprobenumfang n ist dann die Anzahl der Befragten.

Tipp!

Bei der zweiten Fehlerquelle, dem Erkennen der unabhängigen und der abhängigen Variablen, gibt es auch manchmal bei Ökonomen unterschiedliche Meinungen.

Soll in der Klausur mithilfe der Methode der kleinsten Quadrate ein Prognosewert berechnet werden, z. B. mit welchem Gewicht zu rechnen ist, wenn ein Mensch 170 cm groß ist, so ist der bekannte Werte 170 der Wert der unabhängigen Variablen. Und der Prognosewert lautet:

- $a_1 + b_1 \cdot 170$, falls die Körpergröße mit X bezeichnet wurde, oder
- $a_2 + b_2 \cdot 170$, falls die Körpergröße mit Y bezeichnet wurde.

Kapitel 7:

Indexrechnung

Das sollten Sie wissen!

Bei der Berechnung von Indizes gibt es zwei unterschiedliche Lösungswege. Welcher der beiden Lösungswege genutzt wird, hängt davon ab, wie die Daten vorgegeben sind:

- Zum einen können die Daten mit absoluten Werten bzw. Indexwerten vorliegen.
- Zum anderen können lediglich die Raten der Veränderungen gegenüber dem Vorjahr bekannt sein, es sind also insb. die absoluten Werte unbekannt.

7.1 Tabelle mit Werten

Aufgabe 7.1

Schwierigkeit: mittelschwer **Zeit:** 15 Minuten

In der folgenden Tabelle ist der Verbraucherpreisindex für Nordrhein-Westfalen auf verschiedenen Basisjahren angegeben:

Jahr	Verbraucherpreisindex		
	Basisjahr 2005	Basisjahr 2000	Basisjahr 1995
1999			105,2
2000		100,0	106,9
2001		102,0	
2002		103,3	
2003		104,5	
2004		106,1	
2005	100,0	107,6	
2006	101,4		
2007	103,7		

[a] Berechnen Sie eine von 1999 bis 2007 durchgehende Indexreihe, die 2000 als Basisjahr hat.

[b] Wie hoch ist die Preissteigerung (Inflationsrate) insgesamt in Prozent in der Zeit von 1999 bis 2007?

[c] Wie hoch ist die durchschnittliche jährliche Preissteigerung (Inflationsrate) in Prozent in der Zeit von 1999 bis 2007?

[d] Wie hoch war der Kaufkraftverlust insgesamt in der Zeit von 1999 bis 2007?

[e] Im Jahr 2005 betrugen die privaten Konsumausgaben in NRW insgesamt 307 669 Mio. Euro, im Jahr 2006 betrugen die privaten Konsumausgaben in NRW insgesamt 314 118 Mio. Euro. Berechnen Sie die reale Zunahme der Konsumausgaben in Prozent von 2005 auf 2006. ◄

Aufgabe 7.2

Schwierigkeit: mittelschwer **Zeit:** 15 Minuten

Für ein Land liegen folgende Daten über das Bruttoinlandsprodukt (BIP) in Mrd. Geldeinheiten vor:

Jahr	In Preisen von 2002	In jeweiligen Preisen
2002	2 000	2 000
2003	2 070	2 132,1
2004	2 105	2 189,2
2005	2 120	2 247,2
2006	2 180	2 376,2

[a] Um wie viel Prozent ist das BIP im Zeitraum von 2002 bis 2006 im Durchschnitt pro Jahr nominal gewachsen?

[b] Berechnen Sie für jedes Jahr den Mengenindex mit 2002 als dem Basisjahr.

[1] Handelt es sich hierbei um einen Laspeyres- oder um einen Paasche-Mengenindex? Begründen Sie kurz Ihr Ergebnis.

[2] Um wie viel Prozent ist das BIP im Zeitraum von 2002 bis 2006 im Durchschnitt pro Jahr real gewachsen?

[c] Berechnen Sie für jedes Jahr den Preisindex mit 2002 als dem Basisjahr.

[1] Handelt es sich hierbei um einen Laspeyres- oder um einen Paasche-Preisindex? Begründen Sie kurz Ihr Ergebnis.

[2] Wie hoch ist die durchschnittliche jährliche Inflationsrate im Zeitraum 2002 bis 2006? ◄

Aufgabe 7.3

Schwierigkeit: mittelschwer **Zeit:** 15 Minuten

Das Statistische Bundesamt in Wiesbaden veröffentlicht in regelmäßigen Abständen den Verbraucherpreisindex. Für die Jahre 1998 bis 2002 ergeben sich folgende Werte:

Jahr	Verbraucherpreisindex (2000 = 100)
1998	98,0
1999	98,6
2000	100,0
2001	102,0
2002	103,4

[a] Um wie viel Prozent sind die Verbraucherpreise zwischen 1998 und 2002 gestiegen?

[b] Um wie viel Prozent sind die Verbraucherpreise zwischen 1998 und 2002 durchschnittlich pro Jahr gestiegen?

[c] Wie hoch ist der Kaufkraftverlust im Zeitraum 1998 bis 2002?

[d] Welche Werte nimmt der Verbraucherpreisindex für die Jahre 1999 bis 2002 an, wenn man als Basisjahr das Jahr 1998 wählt? ◄

Aufgabe 7.4

Schwierigkeit: mittelschwer **Zeit:** 15 Minuten

In der nachfolgenden Tabelle ist der Preisindex für die Lebenshaltung der privaten Haushalte nach Bedarfsgruppen im Jahr 1999 (Basisjahr 1995=100) angegeben (Quelle: Statistisches Jahrbuch 2001):

Bedarfsgruppe	Gewicht (in %)	Index
Nahrungsmittel, alk.f.Getränke	13,126	101,7
Alk. Getränke, Tabakwaren	4,167	106,0
Kleidung, Schuhe	6,876	101,8
Wohnungsmieten, Energie	27,477	107,4
Einrichtungsgegenstände	7,056	102,1
Gesundheitspflege	3,439	110,6
Verkehr	13,882	107,6
Nachrichtenübermittlung	2,266	88,2
Freizeit, Unterhaltung	10,357	103,4
Bildungswesen	0,651	117,5
Gaststättendienstleistungen	4,608	104,9
Andere Waren und Dienstl.	6,095	104,5
Insgesamt	100	104,9

[a] Welcher Preisindex wurde für die einzelnen Bedarfsgruppen berechnet? Und welche Gestalt hatte die zugehörige Formel zur Berechnung?

[b] Um wie viel Prozent ist in Deutschland im Zeitraum von 1995 bis 1999 der Preisindex für die Lebenshaltung der privaten Haushalte gestiegen?

[c] Wie hoch war im Zeitraum von 1995 bis 1999 die durchschnittliche jährliche Inflationsrate?

[d] Um wie viel Prozent ist in Deutschland im Zeitraum von 1995 bis 1999 der Preisindex für die Lebenshaltung der privaten Haushalte ohne die Ausgaben für Gesundheitspflege gestiegen? ◀

Das sollten Sie wissen!

Der Verbraucherpreisindex *VPI* (vormals Preisindex für die Lebenshaltung privater Haushalte) ist ein sogenannter hedonischer Preisindex. D. h. der Preisindex *VPI* berücksichtigt Qualitätsunterschiede. Muss z. B. ein neuer PC gekauft werden, und ist das neue Gerät zwar teurer als das alte Gerät, hat aber mehr Speicherplatz als das alte Gerät, so muss der Verbraucher zwar mehr Geld für die Neuanschaffung bezahlen. Der Preisindex gibt jedoch eine Preissenkung an, da der Preis pro Gigabyte beim Neu-Gerät im Vergleich zum Alt-Gerät gefallen ist.

7.2 Tabelle mit Raten

Aufgabe 7.5

Schwierigkeit: mittelschwer **Zeit:** 10 Minuten

In der nachfolgenden Tabelle sind für die Hauspreise in Deutschland die Veränderungen in Prozent gegenüber dem Vorjahr (Quelle: OECD) angegeben:

Jahr	Prozent
2004	−1,9
2005	−2,0
2006	0
2007	+1,0
2008	+0,6
2009	+0,5
2010	+2,6
2011	+5,4

Um wie viel Prozent sind die Hauspreise

[a] im Zeitraum 2003 bis 2011 insgesamt gestiegen?

[b] im Zeitraum 2003 bis 2011 durchschnittlich pro Jahr gestiegen?

[c] im Zeitraum 2006 bis 2011 durchschnittlich pro Jahr real gestiegen, wenn in diesem Zeitraum die Inflationsrate 9,5 % insgesamt betrug? ◄

Aufgabe 7.6

Schwierigkeit: leicht **Zeit:** 10 Minuten

Die Süddeutsche Zeitung veröffentlichte am 11.11.2010 folgende Zahlen für die deutsche Wirtschaft (Schätzung für 2010, Prognose für 2011):

Jahr	BIP Veränderung gegenüber Vorjahr in %	Staatl. Defizit/ Überschuss in % des BIP
2008	+1,0	+0,1
2009	−4,7	−3,0
2010	+3,7	−3,7
2011	+2,2	−2,4

[a] Um wie viel Prozent wird sich das BIP voraussichtlich im Zeitraum vom 01.01.2008 bis 31.12.2011 insgesamt verändern?

[b] Um wie viel Prozent wird sich das BIP voraussichtlich im Zeitraum vom 01.01.2008 bis 31.12.2011 durchschnittlich pro Jahr verändern?

[c] Ende 2009 betrug der Wert des BIP 2 404,4 Mrd. Euro. Wie hoch (in Mrd. Euro) ist voraussichtlich das BIP Ende 2011?

[d] Ende 2009 betrug der Wert des BIP 2 404,4 Mrd. Euro. Wie hoch (in Mrd. Euro) war im selben Jahr das staatliche Defizit?

[e] Die Inflationsrate für das Jahr 2010 betrug etwa 1,1 %. Um wie viel Prozent ist im Jahr 2010 das BIP real gestiegen? ◄

7.3 Häufige Fehler in Klausuren

Fehler, die Sie vermeiden sollten!

Als häufige Fehler bei der Indexrechnung sind mir drei Fehler bekannt.

Erstens ist der Unterschied zwischen einer Rate der Veränderung und einem Faktor der Veränderung häufig nicht klar. Diese Unterscheidung ist aber unentbehrlich für Aufgaben zur Indexrechnung.

Tipp!

Beträgt z. B. der Preis für einen Pullover 200 Euro.

- Und steigt der Preis für den Pullover von 200 Euro auf 240 Euro, so beträgt der Faktor der Veränderung:
$$\text{Faktor} = \frac{240}{200} = 1{,}2$$
Und die Rate der Veränderung beträgt:
$$\text{Rate} = \text{Faktor minus } 1 = 1{,}2 - 1 = 0{,}2 = 20\ \%$$
Interpretation: Der Preis ist um 20 % auf das 1,2-Fache gestiegen.
- Sinkt hingegen der Preis von 200 Euro auf 180 Euro, so beträgt der Faktor der Veränderung:
$$\text{Faktor} = \frac{180}{200} = 0{,}9$$
Und die Rate der Veränderung beträgt:
$$\text{Rate} = \text{Faktor minus } 1 = 0{,}9 - 1 = -0{,}1 = -10\ \%$$
Interpretation: Der Preis ist um 10 % auf das 0,9-Fache gesunken.
- Verändert sich der Preis von 200 Euro nicht, so beträgt der Faktor der Veränderung:
$$\text{Faktor} = \frac{200}{200} = 1$$
Und die Rate der Veränderung beträgt:
$$\text{Rate} = \text{Faktor minus } 1 = 1 - 1 = 0 = 0\ \%$$
Interpretation: Der Preis hat sich nicht verändert.

Fehler, die Sie vermeiden sollten!

Zweitens wird bei der Frage nach der durchschnittlichen Veränderung in Prozent fälschlicherweise das arithmetische Mittel aus den Raten berechnet. Hier muss jedoch das geometrische (Formel 8) Mittel aus den Faktoren berechnet werden wie z. B. in Aufgabe 7.5.

Fehler, die Sie vermeiden sollten!

Drittens ist häufig nicht klar, wie viele Veränderungen es gibt, also wie groß n in der Formel 8 für das geometrische Mittel ist.

Tipp!

Als Regel für n aus Formel 8 gilt:

- Sind die Werte angegeben, so ist
  $n =$ Anzahl der Werte minus 1
  wie z. B. in Aufgabe 7.3.
- Sind die Raten angegeben, so ist
  $n =$ Anzahl der Raten
  wie z. B. in Aufgabe 7.5.
- Sind jedoch nur der Anfangswert im Basisjahr und der Endwert im Berichtsjahr angegeben, so ist
  $n =$ Berichtsjahr minus Basisjahr
  wie z. B. in Aufgabe 7.4.

Kapitel 8:

Binomialverteilung

Das sollten Sie wissen!

Bei der Berechnung von Wahrscheinlichkeiten für eine Binomialverteilung werden drei Situationen unterschieden:

- Es liegt exakt eine Binomialverteilung vor.
- Es liegt exakt eine hypergeometrische Verteilung vor, jedoch beträgt der Auswahlsatz höchstens fünf Prozent, sodass eine Approximation der hypergeometrischen Verteilung durch eine Binomialverteilung noch genügend genaue Ergebnisse bringt.
- Es liegt exakt eine Binomialverteilung vor, jedoch ist der Parameter n „sehr groß", sodass eine Approximation der Binomialverteilung durch eine Normalverteilung noch genügend genaue Ergebnisse bringt.

8.1 Exakte Verteilung

Aufgabe 8.1

Schwierigkeit: mittelschwer **Zeit:** 8 Minuten

Ein börsengehandeltes Wertpapier hat am 30. September 2002 einen Kurs von 100 €. Binnen eines Monats bleibt der Kurs konstant mit der Wahrscheinlichkeit null. Binnen eines Monats steigt der Kurs mit der Wahrscheinlichkeit 0,4 anhand des Vervielfachungsfaktors 1,25 auf 125 €. Binnen eines Monats fällt der Kurs und mit der Wahrscheinlichkeit 0,6 anhand des Faktors $\frac{1}{1{,}25} = 0{,}80$ auf 80 €.

Daraus folgt unter anderen auch, dass der Kurs nach zwei Monaten, in denen zuerst eine Kurssteigerung erfolgt und anschließend ein Kursrückgang (oder auch in umgekehrter Reihenfolge), wieder genau den Ausgangswert 100 € aufweist (100 € $\cdot$ 1,25 $\cdot$ 0,80 = 100 € und 100 € $\cdot$ 0,80 $\cdot$ 1,25 = 100 €).

Die Anzahl der Aufwärtsbewegungen des Kurses binnen n Monaten kann als binomialverteilt angesehen werden.

[a] Wie viele Aufwärtsbewegungen des Kurses sind im Zeitraum vom 1. Oktober 2002 bis 28. Februar 2003 zu erwarten?

[b] Wie groß ist die Wahrscheinlichkeit, dass der Kurs vom 1. Oktober 2002 bis zum 31. März 2003 nur Aufwärtsbewegungen macht?

[c] Wie groß ist die Wahrscheinlichkeit, dass der Kurs des Wertpapiers nach vier Monaten (gerechnet vom 1. Oktober 2002 an) wieder den Ausgangswert 100 € hat? ◄

Aufgabe 8.2

Schwierigkeit: mittelschwer **Zeit:** 10 Minuten

Für eine Verkehrsüberwachung sind insgesamt zehn Rechner eingesetzt. Jeder dieser Rechner hat pro Tag eine Ausfallwahrscheinlichkeit von 3 %. Insgesamt müssen mindestens acht Rechner laufen, damit die Anlage arbeiten kann. Die Anzahl der Rechner, die pro Tag ausfallen, kann als binomialverteilt angesehen werden.

[a] Wie groß ist die Wahrscheinlichkeit dafür, dass an einem Tag kein Rechner ausfällt?

[b] Wie groß ist die Wahrscheinlichkeit dafür, dass an einem Tag genau zwei Rechner ausfallen?

[c] Wie groß ist die Wahrscheinlichkeit dafür, dass an einem Tag die Anlage ausfällt?

[d] An wie vielen Tagen im Jahr muss damit gerechnet werden, dass die Anlage ausfällt? ◄

Aufgabe 8.3

Schwierigkeit: mittelschwer **Zeit:** 10 Minuten

Bei einer Produktion entstehen 15 % Ausschuss. Sie kaufen aus dieser Produktion eine Lieferung von 20 Produktionsstücken.

[a] Mit welcher Anzahl von Ausschussstücken müssen Sie rechnen?

[b] Wie groß ist die Wahrscheinlichkeit, genau drei Ausschussstücke in der Lieferung zu erhalten?

[c] Wie groß ist die Wahrscheinlichkeit, höchstens drei Ausschussstücke in der Lieferung zu erhalten?

[d] Wie groß ist die Wahrscheinlichkeit, nur Qualitätsstücke in der Lieferung zu erhalten? ◀

8.2 Approximative Verteilung

Aufgabe 8.4

Schwierigkeit: mittelschwer **Zeit:** 10 Minuten

Eine Großhändlerin kauft aus einer Lieferung von 1 000 Kisten Apfelsinen, von denen 112 Kisten überreife Ware enthält, fünfzig Kisten. Die überreifen Früchte sind nur noch zum Auspressen geeignet.

[a] Wie groß ist die Wahrscheinlichkeit, dass die Großhändlerin keine Kiste mit überreifen Früchten erwirbt?

[b] Wie groß ist die Wahrscheinlichkeit, dass die Großhändlerin mindestens eine Kiste mit überreifen Früchten erwirbt?

[c] Mit welcher Anzahl Kisten mit überreifen Früchten muss die Großhändlerin im Mittel rechnen? ◀

Aufgabe 8.5

Schwierigkeit: schwer **Zeit:** 12 Minuten

In Deutschland beantragen etwa sechs von 500 erwerbstätigen Vätern mit Kindern unter drei Jahren Elternzeit. Ein Unternehmen beschäftigt

[a] zehn Väter mit Kindern unter drei Jahren. Mit welcher Anzahl von Vätern mit Kindern unter drei Jahren, die Elternzeit beantragen, muss das Unternehmen rechnen?

[b] 20 Väter mit Kindern unter drei Jahren. Wie groß ist die Wahrscheinlichkeit, dass höchstens ein Vater mit Kindern unter drei Jahren Elternzeit beantragt?

[c] 900 Väter mit Kindern unter drei Jahren. Mit welcher Mindestanzahl von Vätern mit Kindern unter drei Jahren, die Elternzeit beantragen, muss das Unternehmen mit einer Wahrscheinlichkeit von 95 % rechnen? ◀

Aufgabe 8.6

Schwierigkeit: schwer **Zeit:** 15 Minuten

Ein Versicherungsunternehmen, das Kosten bei einem Reiserücktritt erstattet, weiß aus Erfahrung, dass etwa 12 % der abgeschlossenen Verträge einen Reiserücktritt anzeigen. Nehmen Sie an, dass Reiserücktritte stochastisch unabhängig voneinander auftreten.

[a] Pro Tag bestehen etwa zehn Verträge.

[1] Wie hoch ist die erwartete Anzahl von Reiserücktritten pro Tag?

[2] Wie hoch ist die Wahrscheinlichkeit, dass an einem Tag kein Reiserücktritt angezeigt wird?

[3] Wie hoch ist die Wahrscheinlichkeit, dass an einem Tag mehr als zwei Verträge einen Reiserücktritt anzeigen?

[b] Pro Jahr bestehen etwa 320 Verträge.

[1] Wie hoch ist die erwartete Anzahl von Reiserücktritten pro Jahr?

[2] Berechnen Sie die Standardabweichung der Zufallsvariablen X = Anzahl der Reiserücktritte pro Jahr.

[3] Über welcher Mindestanzahl liegt mit der Wahrscheinlichkeit von 90 % die Anzahl der Reiserücktritte pro Jahr? ◀

Aufgabe 8.7

Schwierigkeit: schwer **Zeit:** 12 Minuten

In einem Land wird im Mittel eine von fünf Steuererklärungen falsch abgegeben. Ob eine Steuererklärung richtig ist, geschieht stochastisch unabhängig von der Richtigkeit einer anderen Steuererklärung. Pro nicht korrekt ausgefüllter Steuererklärung fallen der Finanzbehörde zwei Geldeinheiten an Zusatzkosten an.

[a] Mit welchen Zusatzkosten ist bei der Überprüfung von 500 Steuererklärungen zu rechnen?

[b] Wie groß ist die Wahrscheinlichkeit, dass sich unter zwanzig geprüften Steuererklärungen genau vier falsch ausgefüllte Erklärungen befinden?

[c] Mit wie hohen Zusatzkosten ist bei einer Überprüfung von 10 000 Steuerklärungen mit der Wahrscheinlichkeit von 95 % höchstens zu rechnen? ◀

Aufgabe 8.8

Schwierigkeit: schwer **Zeit:** 15 Minuten

Täglich geht auf der Linie Hamburg – New York ein Nonstop-Flug. Die Wahrscheinlichkeit, dass ein Flug verspätet ist, liegt bei 12 %.

[a] Nehmen Sie an, dass die Anzahl der verspäteten Flüge pro Woche auf dieser Linie binomialverteilt ist. Wie groß ist die Wahrscheinlichkeit, dass in einer Woche

[1] alle Flüge auf dieser Linie pünktlich sind?

[2] mehr als drei Flüge auf dieser Linie verspätet sind?

[3] genau fünf Flüge auf dieser Linie pünktlich sind?

[b] Nehmen Sie an, dass die Anzahl der verspäteten Flüge für die kommenden 150 Tage auf dieser Linie binomialverteilt ist.

[1] Wie groß ist die Wahrscheinlichkeit, dass die Anzahl der verspäteten Flüge auf dieser Linie binnen der kommenden 150 Tage

- genau achtzehn beträgt?
- höchstens achtzehn beträgt?

[2] Mit wie vielen verspäteten Flügen auf dieser Linie ist binnen der kommenden 150 Tage mit einer Wahrscheinlichkeit von 90 % mindestens zu rechnen? ◀

Aufgabe 8.9

Schwierigkeit: schwer **Zeit:** 15 Minuten

Nach Erhalt des Katalogs geben 61 % aller Versandhauskunden auch eine Bestellung auf.

[a] Wie groß ist die Wahrscheinlichkeit, dass von zehn Kunden mehr als sechs Kunden eine Bestellung aufgeben?

[b] Wie groß ist annähernd die Wahrscheinlichkeit, dass von einhundert Kunden mehr als sechzig Kunden eine Bestellung aufgeben?

[c] Wie groß ist annähernd die Wahrscheinlichkeit, dass von tausend Kunden mehr als sechshundert Kunden eine Bestellung aufgeben?

[d] Die Wahrscheinlichkeiten unter den Teilaufgaben [a], [b] und [c] werden immer größer. Geben Sie dazu eine Begründung an. ◀

Aufgabe 8.10

Schwierigkeit: mittelschwer **Zeit:** 10 Minuten

In einem Briefzentrum werden die Sendungen automatisiert sortiert. Eine Kodiermaschine liest die Anschriften und ordnet die Sendungen den jeweiligen Postleitzahlen zu. Mit einer Wahrscheinlichkeit von 2 % vertauscht die Kodiermaschine den Empfänger mit dem Absender, so dass die Sendung ihren Empfänger nicht erreicht, sondern zurück zum Absender geschickt wird. Ferner geschieht das Vertauschen von Empfänger und Absender der Sendungen stochastisch unabhängig voneinander.

[a] Sie haben zehn Briefe versehen mit Empfänger und Absender verschickt. Wie groß ist die Wahrscheinlichkeit, dass bei höchstens zwei Ihrer Briefe von der Kodiermaschine Empfänger und Absender vertauscht werden?

[b] Ein Unternehmen hat 1 200 Sendungen versehen mit Empfänger und Absender verschickt. Wie groß ist annähernd die Wahrscheinlichkeit, dass bei höchstens vierzehn dieser Briefe von der Kodiermaschine Empfänger und Absender vertauscht werden? ◀

8.3 Häufige Fehler in Klausuren

Fehler, die Sie vermeiden sollten!

Die Binomialverteilung kann in der Aufgabenstellung einer Klausuraufgabe vorgegeben sein, aber manchmal muss sie auch vom Studierenden selbständig erkannt werden. Ein häufiges Problem ist dann, dass nicht klar ist, woran zu erkennen ist, dass eine Binomialverteilung vorliegt.

Tipp!

Eine Binomialverteilung lässt sich an den drei Kriterien Ja/Nein-Variablen, n Wiederholungen, stochastische Unabhängigkeit erkennen:

- Die Zufallsvariable muss die Summe von sogenannten Ja/Nein-Variablen sein, also z. B. ja, Produktionsstück ist Ausschuss oder nein, ist kein Ausschuss. Oder Person ist größer als 170 cm oder nicht. Oder die Haarfarbe ist blond oder nicht blond. (Jede Zufallsvariable kann zu einer Ja/Nein-Variablen transformiert werden.) Ein sicherer Hinweis darauf, dass eine Ja/Nein-Variable vorliegt, ist die Tatsache, dass die Interview-Frage so formuliert werden kann (aber nicht muss!), dass der Befragte mit Ja oder Nein antworten kann: Ist das Produktionsstück Ausschuss? Sind Sie über 170 cm groß? Sind Sie blond?

- Ein weiteres Indiz für eine Binomialverteilung ist, dass es mehrere Wiederholungen eines Zufallsexperiments gibt. Die Anzahl der Wiederholungen wird in der Formelsammlung mit n bezeichnet. Es wird also nicht die Qualität eines Produktionsstücks betrachtet, sondern gleich eine ganze Lieferung von mehreren Produktionsstücken. Und es wird nicht die Körpergröße bzw. Haarfarbe einer Person betrachtet, sondern zugleich von mehreren Personen.
- Des Weiteren müssen die Wiederholungen des Zufallsexperiments stochastisch unabhängig voneinander sein. Wurde die stochastische Unabhängigkeit in der Aufgabenstellung nicht genannt, so muss der Studierende (w,m) sie selbständig erkennen. Stochastische Unabhängigkeit bedeutet für z. B. zwei Wiederholungen des Zufallsexperiments, dass die Qualität des zweiten Produktionsstücks nicht abhängt von der Qualität des ersten Produktionsstücks. Oder die Körpergröße der zweiten Person nicht abhängt von der Körpergröße der ersten Person. Ebenso dass die Haarfarben zweier zufällig ausgewählter Personen nicht voneinander abhängen.

Eine Binomialverteilung als Approximation einer hypergeometrischen Verteilung lässt sich daran erkennen, dass die Gesamtanzahl N der Elemente in der Grundgesamtheit bekannt ist (wie z. B. in Aufgabe 8.4). Und aus der Grundgesamtheit werden n Elemente ohne Zurücklegen herausgezogen, z. B. gibt es $N = 1\,000$ Produktionsstücke, aus denen $n = 20$ Stücke gekauft werden. Faustregel für die Approximation ist, dass der Auswahlsatz $\frac{n}{N}$ in Formel 75 höchstens 5 % beträgt.

Fehler, die Sie vermeiden sollten!

Ein weiteres Problem bei Binomialverteilungs-Aufgaben ist ein Wechsel in der Aufgabenstellung von z. B. der Anzahl der Ausschussstücke zu der Anzahl der Qualitätsstücke (wie in Aufgabe 8.3).

Tipp!

Um beim Wechsel der Betrachtung von Ereignis A zu Ereignis $\overline{A}$ Fehler zu vermeiden, sollte immer aufgeschrieben werden, was gezählt wird, also z. B. ob $X =$ „Anzahl der Ausschussstücke" oder $X =$ „Anzahl der Qualitätsstücke" in der Lieferung von n Produktionsstücken bezeichnet. Ist $X =$ „Anzahl der Ausschussstücke" in einer Lieferung von $n = 10$ Produktionsstücken und ist nach der Wahrscheinlichkeit gefragt, dass sich genau sieben Qualitätsstücke in der Lieferung befinden, so ist die Wahrscheinlichkeit $P(X = 3)$ zu berechnen. Möglich wäre jetzt auch ein Wechsel der Bezeichnung der Zufallsvariablen, was ich aber aus Sicht eines Prüfers, der schon etliche Klausuren korrigiert hat, nicht empfehlen kann.

Fehler, die Sie vermeiden sollten!

Schwierigkeiten gibt es ebenfalls, wenn eine Binomialverteilung durch eine Normalverteilung approximiert wird.

Tipp!

Die Approximation einer BV durch eine NV aufgrund des Zentralen Grenzwertsatzes ist zulässig, wenn die Faustregel $np \geq 10$ und $n(1-p) \geq 10$ erfüllt ist. Hintergrund für diese Approximation ist der Zentrale Grenzwertsatz. Er gilt für beliebige Verteilungen, insb. also auch für eine Binomialverteilung. Da die Binomialverteilung in der Praxis sehr häufig vorkommt, gibt es jedoch eine abweichende präzisere Näherungsformel Formel 70 exklusiv für eine Binomialverteilung. Diese spezielle Näherungsformel Formel 70 enthält den sogenannten NV-Korrekturterm 0,5. Statt $P(X_1 + \ldots X_n \leq x)$ wie üblich mit

$$F_U\left(\frac{x - nE[X]}{\sqrt{nVar[X]}}\right)$$

zu approximieren, wird diese Wahrscheinlichkeit bei Vorliegen einer Binomialverteilung mit

$$F_U\left(\frac{x + 0{,}5 - nE[X]}{\sqrt{nVar[X]}}\right)$$

angenähert (wie z. B. in Aufgabe 8.5).

Kapitel 9:
Normalverteilung

Das sollten Sie wissen!

Eine Normalverteilung ist ein Modell für eine Verteilung.

- Mit exakten Wahrscheinlichkeiten gemäß einer Normalverteilung wird gerechnet, wenn in der Aufgabenstellung eine Normalverteilung vorgegeben ist.
- Liegt hingegen in der Aufgabenstellung eine beliebige Verteilung vor und sind die Voraussetzungen des Zentralen Grenzwertsatzes erfüllt, so wird approximativ mit einer Normalverteilung gerechnet.
- Ist die in der Aufgabenstellung vorgegebene Verteilung eine Binomialverteilung, so gibt es eine spezielle Approximation durch den Zentralen Grenzwertsatz wie z. B. in Aufgabe 8.5.

9.1 Exakte Verteilung

Aufgabe 9.1

Schwierigkeit: mittelschwer **Zeit:** 8 Minuten

Auf einem Flughafen kann die Wartezeit zwischen zwei Anschlussflügen als normalverteilt mit dem Erwartungswert 120 Minuten und der Standardabweichung 60 Minuten angesehen werden.

[a] Wie groß ist der Anteil der Anschlussflüge

[1] mit höchstens 55 Minuten zum Umsteigen?
[2] die genau 55 Minuten zum Umsteigen haben?
[3] die mehr als 90 Minuten zum Umsteigen haben?

[b] Mit welcher Umsteigezeit muss mit einer Wahrscheinlichkeit von 95 % mindestens gerechnet werden? ◄

Aufgabe 9.2

Schwierigkeit: schwer	**Zeit:** 15 Minuten

Nehmen Sie an, dass die tägliche Auslieferungszeit (in Stunden) eines Paketboten normalverteilt ist mit dem Erwartungswert acht Stunden und der Standardabweichung zwei Stunden.

[a] Wie groß ist die Wahrscheinlichkeit, dass der Paketbote

[1] höchstens sieben Stunden an einem Tag unterwegs ist?
[2] genau acht Stunden am Tag unterwegs ist?
[3] über acht Stunden unterwegs ist?
[4] zwischen sechs und zehn Stunden unterwegs ist?

[b] Mit welcher Auslieferungszeit pro Tag ist mit einer Wahrscheinlichkeit von 95 % mindestens zu rechnen?

[c] Nehmen Sie an, dass die täglichen Auslieferungszeiten stochastisch unabhängig voneinander sind. Wie groß ist dann die Wahrscheinlichkeit, dass ein Paketbote

[1] an zwei Arbeitstagen hintereinander mindestens einmal höchstens sieben Stunden unterwegs ist?
[2] in einer Woche mit sechs Arbeitstagen nur an einem Tag höchstens sieben Stunden unterwegs ist? ◄

Aufgabe 9.3

Schwierigkeit: schwer	**Zeit:** 15 Minuten

Die Funktionsdauer (gemessen in Stunden) einer Taschenlampe mit einem Satz Batterien sei normalverteilt.

[a] Der Erwartungswert der Funktionsdauer (gemessen in Stunden) einer Taschenlampe vom Typ X beträgt 240 Stunden und die Standardabweichung beträgt 20 Stunden.

[1] Wie groß ist die Wahrscheinlichkeit, dass die Funktionsdauer einer solchen Taschenlampe mehr als 250 Stunden beträgt?

[2] Welche Funktionsdauer einer solchen Taschenlampe wird mit einer Wahrscheinlichkeit von 97,5 % nicht überschritten?

[3] Bestimmen Sie die Ober- und die Untergrenze des zweifachen zentralen Schwankungsintervalls $[\mu - 2 \cdot \sigma; \mu + 2 \cdot \sigma]$.

[4] Berechnen Sie das zentrale Schwankungsintervall $[\mu - c \cdot \sigma; \mu + c \cdot \sigma]$, innerhalb dessen die Funktionsdauer einer solchen Taschenlampe mit einer Wahrscheinlichkeit von 90 % liegt.

[b] Der Erwartungswert der Funktionsdauer (gemessen in Stunden) einer Taschenlampe vom Typ Y beträgt 200 Stunden. Ferner ist bekannt, dass 2,5 % dieser Taschenlampen eine Funktionsdauer von höchstens 180,4 Stunden besitzen.
Bestimmen Sie die theoretische Standardabweichung der Funktionsdauer einer solchen Taschenlampe vom Typ Y. ◀

Aufgabe 9.4

Schwierigkeit: schwer **Zeit:** 12 Minuten

Die Anzahl der Pkw auf einer Kreuzung an einem Wochenende sei normalverteilt mit dem Erwartungswert 10 000 Pkw und der Standardabweichung 2 000 Pkw.

[a] Wie groß ist die Wahrscheinlichkeit, dass am kommenden Wochenende die Anzahl der Pkw auf dieser Kreuzung unter 11 000 Pkw liegt?

[b] Nehmen Sie an, dass die Anzahlen der Pkw auf dieser Kreuzung an verschiedenen Wochenenden stochastisch unabhängig voneinander sind. Wie groß ist die Wahrscheinlichkeit, dass

[1] an den nächsten beiden Wochenenden genau einmal die Anzahl der Pkw auf dieser Kreuzung unter 11 000 liegt?

[2] an den nächsten sechs Wochenenden genau zweimal die Anzahl der Pkw auf dieser Kreuzung unter 11 000 liegt? ◀

9.2 Approximative Verteilung

Aufgabe 9.5

Schwierigkeit: schwer **Zeit:** 15 Minuten

Ein Reiseveranstalter bietet für eine Flusskreuzfahrt drei unterschiedliche Tickets an. Der Gewinn des Reiseveranstalters hängt unter anderem von der Ticketart ab. Folgende Anteile sind aus Erfahrung bekannt:

- 50 % der Gäste sind Frühbucher. Der Gewinn pro Frühbucher beträgt 5 GE.
- 30 % der Gäste zahlen den Normalpreis, der einen Gewinn von 10 GE pro verkauftem Ticket bringt.
- Der Rest der Gäste erhält ein ermäßigtes Ticket, das einen Gewinn von 2 GE pro verkauftem Ticket bringt.

[a] Betrachten Sie die Zufallsvariable X = „Gewinn (in GE) pro Ticket".

[1] Berechnen Sie den erwarteten Gewinn pro Ticket.

[2] Berechnen Sie die Varianz von X.

[b] Wie hoch ist näherungsweise die Wahrscheinlichkeit, dass bei 400 Gästen der Gesamtgewinn über 2 400 GE liegt?

[c] Welcher Gewinn wird näherungsweise bei 400 Gästen mit der Wahrscheinlichkeit von 95 % überschritten? ◀

Aufgabe 9.6

Schwierigkeit: schwer **Zeit:** 15 Minuten

Eine Telefongesellschaft möchte eine Werbekampagne starten, um 10 000 neue Kunden zu gewinnen. Das Unternehmen teilt seine Kunden in A-, B- und C-Kunden ein. Bei den Neukunden geht das Unternehmen von folgenden Daten aus:

- A-Kunde, durchschnittlicher Umsatz von 100 € pro Monat je A-Kunde, insgesamt 22 % des neuen Kundenstamms werden A-Kunden sein
- B-Kunde, durchschnittlicher Umsatz von 50 € pro Monat je B-Kunde, insgesamt 58 % des neuen Kundenstamms werden B-Kunden sein
- C-Kunde, durchschnittlicher Umsatz von 10 € pro Monat je C-Kunde, insgesamt 20 % des neuen Kundenstamms werden C-Kunden sein

[a] Mit welchen Mehreinnahmen ist bei 10 000 Neukunden zu rechnen?

[b] Mit welcher Wahrscheinlichkeit betragen die Mehreinnahmen durch 10 000 Neukunden mehr als 527 000 €?

[c] Welche Mehreinnahmen werden bei der Neugewinnung von 10 000 Kunden mit der Wahrscheinlichkeit von 5 % nicht überschritten? ◀

9.3 Häufige Fehler in Klausuren

Fehler, die Sie vermeiden sollten!

Bei der Berechnung von oberen Prozentpunkten x mit $p = P(X > x)$ gibt es in der Klausur oft abenteuerliche Umformungen.

Tipp!

Bei der Berechnung von oberen Prozentpunkten x mit $p = P(X > x)$ wird wie folgt vorgegangen:

[1] Zunächst wird die Wahrscheinlichkeit vom Gegenereignis betrachtet: $1 - p = P(X \leq x)$.

[2] Danach wird der $(1 - p)$-Prozentpunkt u_{1-p} der Standard-Normalverteilung aus der NV-Tabelle auf den Seiten 192 und 193 abgelesen.

[3] Mit der Standardisierung gemäß Formel 79 ergibt sich dann: $u_{1-p} = \frac{x-\mu}{\sigma}$.

[4] Somit beträgt der obere Prozentpunkt: $x = \mu + u_{1-p} \cdot \sigma$ (wie z. B. der obere 5 %-Punkt in Aufgabe 9.1).

Fehler, die Sie vermeiden sollten!

Das Vorliegen einer Normalverteilung ist in Klausuren entweder vorgegeben oder es muss vom Prüfling eigenständig erkannt werden, dass eine Normalverteilung aufgrund des Zentralen Grenzwertsatzes zutrifft, was oft schwierig ist.

Tipp!

Entscheidend für eine NV-Approximation sind neben den Voraussetzungen des Zentralen Grenzwertsatzes folgende Kriterien:

- Es sind mindestens $n = 30$ Zufallsvariablen $X_1, X_2, \ldots X_n$ vorhanden, die alle dieselbe Verteilung haben.
- Erwartungswert μ und theoretische Varianz σ^2 einer jeden dieser n Zufallsvariablen lassen sich berechnen oder sind sogar vorgegeben.
- Die Wahrscheinlichkeit, die berechnet werden soll, ist die Wahrscheinlichkeit eines Ereignisses über entweder die Summe (Formel 81) oder den Durchschnitt (Formel 82) der n Zufallsvariablen. Summen-Beispiel: Die Gesamtsumme der Spenden von n Personen beträgt mindestens 10 000 Euro. Durchschnitt-Beispiel: Die Spende pro Person beträgt bei n Personen höchstens 1 000 Euro.

Ein Sonderfall des Zentralen Grenzwertsatzes bildet die Approximation einer Binomialverteilung. Exklusiv für eine Binomialverteilung gibt es die spezielle Formel 70 für die Approximation durch eine Normalverteilung gemäß dem Zentralen Grenzwertsatz.

Kapitel 10:
Konfidenzintervalle

Das sollten Sie wissen!

Die Formelsammlung hält Berechnungen für ein Konfidenzintervall für einen Erwartungswert (Formeln 83 und 85) und für ein Konfidenzintervall für einen Anteilswert (Formeln 87 und 88) bereit. Darauf aufbauend unterscheiden sich auch die Berechnungen für einen Mindeststichprobenumfang je nachdem, welches der beiden Konfidenzintervalle berechnet werden soll.

10.1 Erwartungswert

Aufgabe 10.1

Schwierigkeit: mittelschwer **Zeit:** 8 Minuten

Ein Marktforschungsinstitut soll Aufschluss darüber geben, wie viel Geld für Urlaubsreisen ausgegeben wird. Dazu möchte das Institut ein 0,95-Konfidenzintervall für die mittlere Höhe der Ausgaben für Urlaubsreisen berechnen. Bei einer Umfrage: „Wie viel Euro planen Sie für Ihre nächste Urlaubsreise auszugeben?“ erhielt das Institut 100 Antworten. Es ergaben sich folgende Daten $x_1, \dots x_{100}$:

i	x_i	$(x_i - \overline{x})^2$
1	300	239 121
2	600	35 721
$\vdots$	$\vdots$	$\vdots$
100	800	121
$\sum$	78 900	9 137 900

[a] Berechnen Sie aus den Daten das gesuchte Konfidenzintervall.

[b] Interpretieren Sie das berechnete Konfidenzintervall. ◀

Aufgabe 10.2

Schwierigkeit: mittelschwer **Zeit:** 8 Minuten

Die Fakultät einer Hochschule möchte den Zeitaufwand (gemessen in Stunden pro Woche) für Nebenbeschäftigungen ihrer 2 221 Studierenden ermitteln.

[a] In einer früheren Umfrage zum gleichen Thema betrug der durchschnittliche Zeitaufwand pro Woche eines Studierenden zwölf Stunden und die Standardabweichung in der Stichprobe betrug 1,2 Stunden.
Wie viele Studierende sind mindestens zu befragen, damit das gesuchte 0,95-Konfidenzintervall höchstens die Breite von 0,4 hat, d. h. nur um $\pm 0{,}2$ Stunden vom wahren mittleren Zeitaufwand aller 2 221 Studierenden abweicht?

[b] Bei einer Umfrage von 150 Studierenden ergab sich ein durchschnittlicher Zeitaufwand von 12,5 Stunden pro Woche, und die Standardabweichung in der Stichprobe betrug zwei Stunden.
Berechnen Sie ein 0,95-Konfidenzintervall für den mittleren Zeitaufwand eines Studierenden.

[c] Wieso kann es passieren, dass die Breite des unter Teilaufgabe [b] berechneten Konfidenzintervalls größer ist als die unter Teilaufgabe [a] geforderte Breite von 0,4 Stunden? ◀

Aufgabe 10.3

Schwierigkeit: schwer **Zeit:** 10 Minuten

Das mittlere Einkommen (gemessen in Euro) von 10 000 Ärztinnen und Ärzten soll geschätzt werden. Zu diesem Zweck wird eine Zufallsstichprobe von 100 Ärztinnen und Ärzten gezogen, die ein jährliches Durchschnittseinkommen von 80 000 Euro bei einer empirischen Standardabweichung von 7 500 Euro ergibt.

[a] Für welches der beiden Konfidenzniveaus

- $1 - \alpha = 0{,}95$
- $1 - \alpha = 0{,}99$

ist das Konfidenzintervall schmaler? (Begründung!)

[b] Berechnen und interpretieren Sie aus den erhobenen Daten ein 0,95-Konfidenzintervall für das unbekannte mittlere Einkommen.

[c] Das in Teilaufgabe [b] berechnete 0,95-Konfidenzintervall ist Ihnen zu breit. Sie möchten ein schmaleres 0,95-Konfidenzintervall. Müssen Sie dazu den Stichprobenumfang vergrößern oder verkleinern? (Begründung!) ◀

Aufgabe 10.4

Schwierigkeit: leicht **Zeit:** 8 Minuten

Die Wartezeit (in Sekunden) eines Kunden in einer Telefonzentrale eines Versandhauses kann als normalverteilt angesehen werden mit den Parametern μ und σ. Um Aufschluss über die mittlere Wartezeit eines Kunden zu erhalten, wurden bei vierzig Anrufern die Wartezeiten erfasst. Aus den Daten ergaben sich folgende Werte:

$$\text{Arithmetisches Mittel } \overline{x} = 20 \text{ Sekunden}$$

$$\text{Standardabweichung } s_x = 6{,}40 \text{ Sekunden}$$

[a] Berechnen Sie aufgrund der Daten ein 0,95-Konfidenzintervall für die mittlere Wartezeit eines Kunden.

[b] Interpretieren Sie anschließend das Intervall, das Sie als Ergebnis zur Teilaufgabe [a] ausgerechnet haben.

[c] Nach wie vor soll $s_x = 6{,}40$ gelten.
Es soll nun aber ein weiteres 0,95-Konfidenzintervall für μ berechnet werden, das nur noch die Breite von zwei Sekunden haben soll (anders ausgedrückt: Das neue Konfidenzintervall soll um höchstens eine Sekunde vom wahren Wert abweichen).
Bei wie vielen Kunden ist dann die Wartezeit zu erfragen? ◀

10.2 Anteilswert

Aufgabe 10.5

Schwierigkeit: mittelschwer **Zeit:** 8 Minuten

Seit Sommer 2013 hat Facebook die automatische Erfassung von Nutzerzahlen unterbunden. Deshalb soll anhand eines 0,96-Konfidenzintervalls der Anteil der Facebook-Nutzer in der BRD geschätzt werden.

[a] Im Sommer 2013 betrug der Anteil der Facebook-Nutzer unter den über 13-Jährigen in der BRD etwa 34 %. Wie viele über 13 Jahre alten Einwohner in der BRD sind zu befragen, damit das gesuchte Konfidenzintervall um höchstens drei Prozentpunkte vom wahren Wert abweicht?

[b] Von 1 200 befragten über 13-Jährigen gaben 421 Befragte an, Facebook zu nutzen.

[1] Berechnen Sie anhand der Stichprobe das gesuchte Konfidenzintervall.

[2] Interpretieren Sie das berechnete Konfidenzintervall. ◄

Aufgabe 10.6

Schwierigkeit: mittelschwer **Zeit:** 8 Minuten

In einer Stadt mit 100 000 Einwohnern soll der Anteil der Raucher an der Gesamtbevölkerung geschätzt werden. Das Gesundheitsamt der Stadt verlangt, dass die durchzuführende Studie zu Ergebnissen kommt, die mit einer Wahrscheinlichkeit von 95 % zutreffen. Bei einer Umfrage unter 897 Einwohnern befanden sich genau 269 Raucher.

Schätzen Sie anhand der Umfrage den Anteil der Raucher in der Stadt, wenn die oben genannte Anforderung erfüllt werden soll. Und interpretieren Sie Ihr Ergebnis. ◄

Aufgabe 10.7

Schwierigkeit: schwer **Zeit:** 8 Minuten

Eine Unternehmung führt für ihr Produkt A eine Kundenanalyse durch. Dabei interessiert u. a., wie hoch der Anteil der „treuen" Kunden ist, d. h. derjenigen Kunden, die das Produkt A seit mindestens zehn Jahren kaufen.

[a] Es soll ein 0,95-Konfidenzintervall für den Anteil der treuen Kunden berechnet werden. Wie viele Kunden sind zu befragen, damit der Anteil der treuen Kunden in der Stichprobe höchstens um drei Prozentpunkte vom Anteil der treuen Kunden in der Grundgesamtheit abweicht?

[b] Insgesamt wurden 1 246 Kunden befragt, seit wie vielen Jahren sie schon das Produkt A kaufen:

Jahre	Anzahl der Kunden
noch kein Jahr	641
1 bis unter 5 Jahre	367
5 bis unter 10 Jahre	128
10 bis unter 12 Jahre	87
12 Jahre oder länger	23
$\sum$	1 246

Berechnen Sie anhand der Stichprobe ein 0,95-Konfidenzintervall für den Anteil der treuen Kunden in der Grundgesamtheit.

[c] Interpretieren Sie das erhaltene Intervall unter Teilaufgabe [b]. ◀

10.3 Häufige Fehler in Klausuren

Fehler, die Sie vermeiden sollten!

Ein häufiger Fehler in Klausuren ist die Verwechslung der beiden Konfidenzintervalle für p und für μ.

Tipp!

Die Verwechslung der beiden Konfidenzintervalle für μ und p lässt sich vermeiden, wenn Folgendes beachtet wird:

- Es ist ein Konfidenzintervall für p (Formeln 87 und 88) zu berechnen, wenn die Frage für die Stichprobe so gestellt werden kann (aber nicht muss), dass der Befragte mit Ja oder Nein antworten kann. Zum Beispiel: „Kennen Sie das Produkt A?" Oder: „Liegt Ihr Nettogehalt über 2 000 Euro im Monat?" (Hier könnte die Frage auch lauten: „Wie hoch ist Ihr Nettogehalt". Dann müsste anschließend in der Stichprobe abgezählt werden, wie viele Befragte ein Nettogehalt über 2 000 Euro haben.)
- Es ist ein Konfidenzintervall für μ (Formeln 83 und 85) zu berechnen, wenn der Befragte mit einer Zahlenangabe antworten muss. Zum Beispiel: „Wie hoch ist Ihr Einkommen?" Oder: „Wie oft haben Sie in diesem Monat Produkt A gekauft?"

Fehler, die Sie vermeiden sollten!

Ist des Weiteren das Konfidenzniveau $1-\alpha$ nicht mit einem der drei üblichen Werte 0,90 bzw. 0,95 bzw. 0,99 vorgegeben, sondern beträgt z. B. das Konfidenzniveau $1-\alpha = 0{,}96$ wie in Aufgabe 10.5, so fällt es einigen Studierenden schwer, den zugehörigen Prozentpunkt $u_{1-\frac{\alpha}{2}}$ der Standard-Normalverteilung zu bestimmen.

Tipp!

Für das Konfidenzniveau $1-\alpha = 0{,}96$ wird für die Bestimmung des $(1-\frac{\alpha}{2})$-Prozentpunkts der Standard-Normalverteilung wie folgt vorgegangen:

[1] Zunächst wird die Differenz zwischen 1 und 0,96 berechnet, sie beträgt $1-0{,}96 = 0{,}04$.

[2] Anschließend wird die Hälfte dieser Differenz von 1 subtrahiert, also $1-\frac{0{,}04}{2} = 1-0{,}02 = 0{,}98$.

[3] Der gesuchte Prozentpunkt $u_{1-\frac{\alpha}{2}}$ ist der 98 %-Punkt. Gemäß der NV-Tabelle auf der Seite 193 beträgt der Prozentpunkt 2,0537.

Kapitel 11:

Statistische Tests

Das sollten Sie wissen!

Die Formelsammlung ab Seite 177 enthält vier statistische Tests:

- Gaußtest (Formel 91)
- t-Test (Formel 92)
- χ^2-Unabhängigkeitstest (Formeln 93 und 94)
- χ^2-Anpassungstest (Formel 95)

11.1 Gaußtest

Aufgabe 11.1

Schwierigkeit: schwer **Zeit:** 12 Minuten

Gehen Frauen heutzutage länger zur Schule als ihre Mütter? Um diese Frage zu beantworten, wurden 722 US-Amerikanerinnen befragt. Es ergaben sich folgende arithmetischen Mittel:

Schuldauer (in Jahren)	
Tochter	Mutter
13,04	10,53

Nehmen Sie an, dass die Differenz „Schuldauer der Tochter minus Schuldauer ihrer Mutter“ (gemessen in Jahren) normalverteilt ist mit der Standardabweichung $\sigma = 3{,}37$ Jahre.

[1] Prüfen Sie mit einem Test zum Niveau $\alpha = 0{,}05$, ob es signifikante Unterschiede in den mittleren Schuldauern von Töchtern und ihren Müttern gibt.

[2] Falls Sie unter Teilaufgabe [1] einen signifikanten Unterschied aufgedeckt haben, so prüfen Sie mit einem einseitigen Test zum Niveau $\alpha = 0{,}05$, welche der beiden Gruppen Töchter oder Mütter im Mittel länger zur Schule geht. ◄

11.2 *t*-Test

Aufgabe 11.2

Schwierigkeit: schwer **Zeit:** 20 Minuten

Haben heutzutage Paare weniger Kinder als es in ihren Ursprungsfamilien gab? Um diese Frage zu beantworten, wurden 31 Personen befragt. Es ergaben sich folgende Werte:

Nr.	Anzahl		Nr.	Anzahl	
	Geschwister	Kinder		Geschwister	Kinder
1	0	2	16	5	2
2	1	1	17	3	1
3	1	1	18	5	2
4	1	0	19	11	2
5	3	0	20	4	1
6	6	5	21	1	1
7	6	3	22	6	0
8	6	4	23	3	0
9	6	3	24	6	3
10	0	2	25	5	1
11	5	0	26	6	0
12	1	5	27	3	3
13	0	0	28	4	0
14	1	1	29	0	2
15	6	1	30	0	2
			31	6	1

[1] Prüfen Sie mit einem Test, ob sich die Kinderanzahlen von heute und früher signifikant unterscheiden.

[2] Falls Sie unter Teilaufgabe [1] einen signifikanten Unterschied aufgedeckt haben, so prüfen Sie mit einem einseitigen Test, ob Paare heutzutage signifikant weniger Kinder im Vergleich zu ihren Ursprungsfamilien haben.

[3] Wie viele Kinder gibt es heutzutage signifikant weniger? ◄

11.3 Chi-Quadrat-Unabhängigkeitstest

Aufgabe 11.3

Schwierigkeit: schwer **Zeit:** 15 Minuten

Streben Frauen und Männer in die gleichen Berufe? Überprüfen Sie mit einem geeigneten Test zum Niveau 0,05, ob der Ausbildungsbereich und das Geschlecht eines Auszubildenden stochastisch unabhängig sind. Eine Umfrage unter den Auszubildenden in einer Stadt ergab folgende Werte:

Ausbildungsbereich	Frauen	Männer
Industrie und Handel	60	40
Handwerk	20	80
öffentlicher Dienst	40	60

Gehen Sie wie folgt vor:

[1] Wie heißt der Test?

[2] Wie lautet die Nullhypothese des Tests?

[3] Überprüfen Sie, ob die Faustregel des Tests erfüllt ist.

[4] Berechnen Sie den empirischen Wert der Teststatistik.

[5] Wie lautet die Testentscheidung aufgrund der obigen Stichprobe? (Begründung!) Interpretieren Sie in knappen Worten das Ergebnis. ◀

Aufgabe 11.4

Schwierigkeit: schwer **Zeit:** 20 Minuten

In Deutschland stehen stillenden berufstätigen Müttern während der Arbeitszeit Stillzeiten zu, die nicht nachgearbeitet werden dürfen. Überprüfen Sie mit einem geeigneten Test, ob Stillbereitschaft und Berufstätigkeit stochastisch unabhängig sind. Eine Umfrage unter Müttern von sechs Monate alten Kindern, ob sie stillen und ob sie berufstätig sind, ergab folgende Daten:

	Berufstätig	
Stillen	nein	ja
nein	40	80
ja	70	10

Gehen Sie wie folgt vor:

[1] Wie heißt der Test?

[2] Wie lautet die Nullhypothese des Tests?

[3] Überprüfen Sie, ob die Faustregel des Tests erfüllt ist.

[4] Berechnen Sie den empirischen Wert der Teststatistik.

[5] Wie lautet die Testentscheidung aufgrund der obigen Stichprobe? (Begründung!) Interpretieren Sie in knappen Worten das Ergebnis. ◀

11.4 Chi-Quadrat-Anpassungstest

Aufgabe 11.5

Schwierigkeit: schwer **Zeit:** 15 Minuten

Eine Reifenwerkstatt möchte untersuchen, ob die Anzahl der Reparaturen an jedem der fünf Wochentage Mo, Di, Mi, Do, Fr in etwa gleich hoch ist. Überprüfen Sie mit einem geeigneten Test zum Niveau 0,05, ob die fünf Reparatur-Wochentage gleich wahrscheinlich sind. In der letzten Woche wurden an den einzelnen Wochentagen so viele Reparaturen durchgeführt:

Wochentag	Mo	Di	Mi	Do	Fr
Anzahl Reparaturen	30	40	40	60	30

Gehen Sie wie folgt vor:

[1] Wie heißt der Test?

[2] Wie lautet die Nullhypothese des Tests?

[3] Überprüfen Sie, ob die Faustregel des Tests erfüllt ist.

[4] Berechnen Sie den empirischen Wert der Teststatistik.

[5] Wie lautet die Testentscheidung aufgrund der obigen Stichprobe? (Begründung!) Interpretieren Sie in knappen Worten das Ergebnis. ◀

11.5 Häufige Fehler in Klausuren

Dass in einer Klausuraufgabe nach einem statistischen Test gefragt ist, wird von den Studierenden erfreulich gut erkannt. (Die Fragestellung, einen Test zum Niveau $\alpha = 0{,}05$ durchzuführen, lässt sich auch schwer verstecken.)

Fehler, die Sie vermeiden sollten!

Der Fehler, der dann aber manchmal auftritt, ist, dass ein anderer als der geforderte Test durchgeführt wird. (Dieser Fehler wird in der Literatur scherzhaft als Fehler dritter Art bezeichnet.)

Tipp!

Um sich gegen die Verwechslung von statistischen Tests abzusichern, muss der Name eines statistischen Tests zugleich mit der Nullhypothese dieses Tests assoziiert werden:

- Gaußtest mit H_0 : „Der Erwartungswert ist soundso groß." (Hier muss die theoretische Varianz σ^2 der Normalverteilung bekannt sein!)
- t-Test mit H_0 : „Der Erwartungswert ist soundso groß."
- χ^2-Unabhängigkeitstest mit H_0 : „Zwei Variablen sind stochastisch unabhängig."
- χ^2-Anpassungstest mit H_0 : „Eine Variable hat eine bestimmte Verteilung", die durch die l Einzelwahrscheinlichkeiten $p_1, p_2, \ldots, p_l$ vollständig festgelegt ist.

Fehler, die Sie vermeiden sollten!

Probleme gibt es immer wieder bei der Testentscheidung. Hierzu müssen zwei Zahlen der Größe nach miteinander verglichen werden.

Tipp!

Die Nullhypothese eines statistischen Tests zum Niveau 0,05 wird genau dann abgelehnt,

- wenn entweder der p-Wert gleich wie oder kleiner als 0,05 ist (Gaußtest und t-Test)
- oder wenn der empirische Wert der Teststatistik gleich wie oder größer als der obere 5 %-Punkt der χ^2-Verteilung ist. (χ^2-Unabhängigkeitstest und χ^2-Anpassungstest)

Kapitel 12:

Gemischte Aufgaben

Tipp!

Entgegen dem ersten Eindruck von Statistik ist für Studierende nicht das Einsetzen von Zahlen in eine Formel das Problem, sondern das Erkennen, welche der Formeln zutrifft.

Wenn Sie das Einsetzen von Zahlen in die Formeln zur Statistik beherrschen, sollten Sie jetzt in diesem Kapitel üben zu erkennen, was in einer Aufgabe zu rechnen ist.

Aufgabe 12.1

Schwierigkeit: schwer **Zeit:** 20 Minuten

[a] Mit Hilfe eines linearen Regressionsmodells soll der Jahresumsatz eines Handelsvertreters aufgrund seiner Berufserfahrung (in Jahren) vorhergesagt werden. Dazu stehen folgende Daten von fünf Handelsvertretern zur Verfügung:

Berufserfahrung in Jahren	Umsatz in 1 000 Euro
1	80
3	97
6	103
10	119
11	117

[1] Mit welchem Jahresumsatz eines Handelsvertreters mit neun Jahren Berufserfahrung ist zu rechnen?

[2] Interpretieren Sie die Steigung der Regressionsgeraden unter Teilaufgabe [a][1].

[3] Ist der in Teilaufgabe [a][1] vorhergesagte Wert aus statistischer Sicht zuverlässig? (Begründung!)

[b] Betrachten Sie die beiden Ereignisse "Berufserfahrung liegt über fünf Jahre“ und "Jahresumsatz liegt über dem Durchschnitt“. In einem Land haben 20 % aller Handelsvertreter einen überdurchschnittlichen Jahresumsatz. Darüber hinaus haben 75 % aller Handelsvertreter mit nicht überdurchschnittlichem Jahresumsatz höchstens fünf Jahre Berufserfahrung. Außerdem haben 50 % aller Handelsvertreter mit überdurchschnittlichem Jahresumsatz über fünf Jahre Berufserfahrung.

[1] Wie viel Prozent aller Handelsvertreter haben sowohl über fünf Jahre Berufserfahrung als auch einen überdurchschnittlichen Jahresumsatz?

[2] Wie viel Prozent aller Handelsvertreter haben über fünf Jahre Berufserfahrung? ◄

Aufgabe 12.2

Schwierigkeit: schwer **Zeit:** 20 Minuten

Ein Bauunternehmen unterteilt seine Projekte in eine Entwurfs- und eine Konstruktionsphase. Die Wahrscheinlichkeit, dass die Entwurfsphase eines Projekts in der veranschlagten Zeit fertiggestellt wird, beläuft sich auf 60 %. Die Wahrscheinlichkeit, dass die Konstruktionsphase eines Projekts in der geplanten Zeit fertiggestellt wird, gegeben dass die Entwurfsphase in der Zeit fertig geworden ist, beläuft sich auf 70 %. Die Wahrscheinlichkeit, dass bei einem Projekt sowohl die Entwurfs- als auch die Konstruktionsphase nicht in der Zeit fertiggestellt werden, beläuft sich auf 20 %.

[a] Bestimmen Sie die Wahrscheinlichkeit, dass bei einem zufällig ausgewählten Projekt:

[1] die Entwurfsphase zwar in der Zeit, aber die Konstruktionsphase nicht in der Zeit fertiggestellt werden.

[2] die Konstruktion in der Zeit fertiggestellt wird.

[3] die Entwurfsphase nicht in der veranschlagten Zeit fertiggestellt wird, gegeben dass die Konstruktionsphase in der Zeit fertiggestellt wurde.

[b] Sind die Ereignisse „Fertigstellung der Entwurfsphase in der veranschlagten Zeit“ und „Fertigstellung der Konstruktionsphase in der veranschlagten Zeit“ stochastisch unabhängig?

[c] Die theoretische Verteilungsfunktion für die Dauer X (in Monaten) der Konstruktionsphase der Projekte ist in der folgenden Tabelle dargestellt:

x = Dauer in Monaten	Verteilungsfunktion $P(X \leq x)$
6	0,1
7	0,5
8	0,7
9	0,8
10	1,0

Bestimmen Sie Erwartungswert und Standardabweichung der Konstruktionsphase und interpretieren Sie die Ergebnisse. ◀

Aufgabe 12.3

Schwierigkeit: schwer **Zeit:** 20 Minuten

Betrachten Sie die Veränderung in Prozent der Arbeitslosenquote gegenüber der Vorwoche in einem Land.

[a] In der nachfolgenden Tabelle sind die ersten sieben Veränderungen der Quote gegenüber der Vorwoche eines Jahres angegeben:

Kalenderwoche	1	2	3	4	5	6	7
Veränderung	+12 %	+13 %	−12 %	+11 %	−10 %	+20 %	−10 %

Um wie viel Prozent hat sich die Arbeitslosenquote im Zeitraum 4. Kalenderwoche bis 7. Kalenderwoche durchschnittlich pro Woche verändert?

[b] Gesucht ist ein 0,94-Konfidenzintervall für den Anteil der Wochen, in denen die Arbeitslosenquote gesunken ist. In den letzten zwei Jahren betrug die wöchentliche Veränderung (in %) der Quote gegenüber der Vorwoche:

Veränderung (in %)									
14	−19	−8	−16	34	14	14	−13	14	10
5	8	2	−8	9	14	14	2	−7	7
−8	7	−1	−11	3	17	−11	3	8	5
4	1	17	−10	−5	22	20	5	4	17
8	4	3	4	−17	−5	18	10	16	7
7	−4	−3	3	16	−4	−5	9	12	3
5	4	−2	−6	3	−1	−13	6	9	2
22	1	6	16	9	12	−10	18	−4	5
7	1	8	5	−8	4	7	−3	5	2
7	8	12	16	6	−7	3	−4	−8	1
4	20	11	−5						

Berechnen Sie aus der Stichprobe mit $n = 104$ Wochen das gesuchte Konfidenzintervall und interpretieren Sie das Intervall.

[c] Nehmen Sie an, dass für das kommende Quartal die Anzahl der Wochen, in denen die Arbeitslosenquote sinkt, binomialverteilt ist mit $p = 0{,}25$ und $n = 13$ Wochen.

[1] An wie vielen Wochen ist zu erwarten, dass die Quote sinkt?

[2] Wie groß ist die Wahrscheinlichkeit, dass es im kommenden Quartal genau sechsmal zu einer Senkung der wöchentlichen Quote kommt? ◀

Aufgabe 12.4

Schwierigkeit: schwer **Zeit:** 20 Minuten

Ein Handy- und PC-Hersteller verfügt über ein exklusives Filialnetz von 900 Filialen. Der Gewinn (in GE) der Filialen ist in der folgenden Tabelle nach Klassen dargestellt:

Nr.	Gewinn	Anzahl der Filialen
1	0 bis 250 000	300
2	über 250 000 bis 500 000	400
3	über 500 000 bis 750 000	150
4	über 750 000 bis 1 000 000	50

[a] Ermitteln Sie, welcher Gewinn von 60 % der Filialen nicht überschritten wurde.

[b] Berechnen Sie das arithmetische Mittel und den Median des Gewinns und interpretieren Sie die Ergebnisse.

[c] Berechnen Sie die Standardabweichung des Gewinns und interpretieren Sie diese.

[d] In der Filiale mit dem größten Gewinn wird die Wahrscheinlichkeit, dass ein Kunde ein Handy kauft, mit 25 % beziffert. Die Wahrscheinlichkeit, dass ein Kunde einen PC

kauft, wird mit 15 % angegeben. Die Wahrscheinlichkeit, dass ein Kunde sowohl ein Handy als auch einen PC kauft, liegt bei 3,75 %.

[1] Bestimmen Sie die Wahrscheinlichkeit des Ereignisses „Ein Kunde kauft nichts."

[2] Bestimmen Sie die Wahrscheinlichkeit des Ereignisses „Ein Kunde kauft mindestens eines der beiden Produkte."

[3] Prüfen Sie, ob der Kauf eines Handys und der Kauf eines PC stochastisch unabhängig voneinander sind. ◄

Aufgabe 12.5

Schwierigkeit: schwer **Zeit:** 20 Minuten

Ein Pharmaunternehmen möchte die Effizienz der eigenen Forschungsaktivität evaluieren. Das Unternehmen möchte dabei die Kosten für Forschung und Entwicklung (F&E-Ausgaben) dem Nutzen der Ausgaben gegenüberstellen. Der Nutzen der Ausgaben soll über die in einem Jahr zugelassenen Patente gemessen werden. Eine Übersicht der F&E-Ausgaben sowie der zugelassenen Patente der letzten fünf Jahre ist in der folgenden Tabelle dargestellt:

Jahr	F&E-Ausgaben (in Mio. Euro)	Angemeldete Patente
2011	100	5
2012	120	4
2013	160	7
2014	140	7
2015	190	9

[a] Bestimmen Sie Durchschnittswert und Median sowie Standardabweichung der F&E-Ausgaben und interpretieren Sie die berechneten Werte.

[b] Quantifizieren Sie die Stärke des linearen Zusammenhangs zwischen F&E-Ausgaben und Patentanmeldungen durch ein geeignetes Maß und interpretieren Sie die von Ihnen ermittelte Maßzahl.

[c] Bestimmen Sie mit Hilfe der Methode der kleinsten Quadrate, wie viele Patentanmeldungen zu erwarten sind, wenn das Unternehmen 154 Mio. Euro für F&E ausgibt. Erläutern Sie, ob der erwartete Wert zuverlässig ist.

[d] Bestimmen Sie anhand der Regressionsgeraden, wie viele Patentanmeldungen weniger zu erwarten sind, wenn die F&E-Ausgaben

[1] um eine Mio. Euro gesenkt werden.

[2] um 20 Mio. Euro gesenkt werden. ◄

Aufgabe 12.6

Schwierigkeit: schwer **Zeit:** 20 Minuten

In der PISA-Studie erzielten 15-jährige Schüler (w,m) in Deutschland folgende Punkte in den beiden Kompetenzen Mathematik und Naturwissenschaften:

Jahr	Mathematik	Naturwissenschaften
2000	490	487
2003	503	502
2006	504	516
2009	513	520

[a] Wie hoch ist die durchschnittliche jährliche Steigerung (in Prozent) der Punkte der Mathematik-Kompetenz in dem Zeitraum 2000 bis 2009?

[b] [1] Mit welcher Punktzahl in Naturwissenschaften ist gemäß der Methode der kleinsten Quadrate beim nächsten Pisa-Test zu rechnen, wenn die Mathematik-Kompetenz 500 Punkte betragen würde?

[2] Ist der unter Teilaufgabe [b] [1] ermittelte Prognosewert als verlässlich anzusehen? (Begründung!) ◄

Aufgabe 12.7

Schwierigkeit: schwer **Zeit:** 20 Minuten

[a] Bei dreißig Nonstop-Flügen von Hamburg nach New York wurde die reine Flugzeit X (in Stunden) pro Flug gemessen. Es ergaben sich die folgenden Daten:

i	x_i	$x_i - \overline{x}$	$(x_i - \overline{x})^2$
1	8,84	+0,22	0,0483
2	8,51	−0,11	0,0119
⋮	⋮	⋮	⋮
30	8,16	−0,47	0,2187
$\sum$	258,70	0	8,4413

[1] Berechnen Sie ein 0,95-Konfidenzintervall für die erwartete Flugzeit auf dieser Strecke.

[2] Interpretieren Sie das unter Teilaufgabe [a][1] erhaltene Konfidenzintervall.

[b] Die reine Flugzeit (in Stunden) pro Flug von Hamburg nach New York kann als normalverteilte Zufallsvariable aufgefasst werden mit dem Erwartungswert 8,5 Stunden und der Standardabweichung von 0,5 Stunden.

[1] Mit welcher Flugzeit ist mit einer Wahrscheinlichkeit von 95 % mindestens zu rechnen?

[2] Wie groß ist die Wahrscheinlichkeit, dass die Flugzeit eines Fluges genau 8,5 Stunden beträgt?

[3] In welchem zentralen Intervall liegen 95 % aller Flugzeiten auf dieser Strecke? ◀

Aufgabe 12.8

Schwierigkeit: schwer **Zeit:** 20 Minuten

[a] Bei einer Umfrage unter FH-Studierenden ergaben sich die folgenden Anreisezeiten (in Min) zur FH:

von ... bis unter ...	Anzahl
0 – 20	50
20 – 60	150
60 – 120	50

[1] Wie hoch ist die durchschnittliche Anreisezeit eines FH-Studierenden?

[2] Berechnen Sie eine statistische Maßzahl für die Schwankungen des Datensatzes.

[3] Wie viel Prozent der FH-Studierenden benötigen mehr als 30 Minuten für ihren Anreiseweg?

[b] Unterstellen Sie, dass die Anreisezeit (in Min) eines FH-Studierenden normalverteilt ist mit dem Erwartungswert von 40 Minuten und der Standardabweichung von 20 Minuten.

[1] Wie groß ist die Wahrscheinlichkeit, dass die Anreisezeit eines FH-Studierenden genau 30 Minuten beträgt?

[2] Welche Anreisezeit wird von 95 % aller FH-Studierenden nicht überschritten? ◀

Aufgabe 12.9

Schwierigkeit: schwer **Zeit:** 15 Minuten

Die zurückgelegte Kilometerleistung pro Tankfüllung eines Golf GTD sei normalverteilt.

[a] Ein Fahrzeuginhaber möchte für seinen Golf GTD den Anteil aller Tankfüllungen schätzen, mit denen die zurückgelegte Kilometerleistung pro Tankfüllung unter 900 km liegt. Für die letzten 100 Tankfüllungen ergaben sich die folgenden Werte:

zurückgelegte km	Anzahl der Tankfüllungen
bis 600	2
über 600 bis 800	8
über 800 bis 900	23
über 900 bis 1 000	61
über 1 000 bis 1 200	5
über 1 200	1

Berechnen und interpretieren Sie anhand der Stichprobe ein 0,95-Konfidenzintervall für den Anteil aller Tankfüllungen, mit denen die zurückgelegte Kilometerleistung unter 900 km liegen wird.

[b] Nehmen Sie an, dass die Zufallsvariable „zurückgelegte Kilometerleistung pro Tankfüllung" den Erwartungswert 1 000 km und die Standardabweichung 250 km hat. Wie groß ist die Wahrscheinlichkeit, dass die nächste Tankfüllung für

[1] höchstens 1 000 km reicht?

[2] genau 1 000 km reicht?

[3] über 800, jedoch höchstens 1 100 km reicht? ◄

Aufgabe 12.10

Schwierigkeit: schwer **Zeit:** 20 Minuten

Die monatlichen Handygebühren X (in Euro) eines Mobilfunknutzers sind normalverteilt.

[a] Es soll der Anteil der Intensivnutzer, das sind Personen, bei denen über 50 Euro pro Monat an Handygebühren anfallen, geschätzt werden. Wie viele Mobilfunknutzer sind mindestens zu befragen, damit ein 0,95 Konfidenzintervall für den Anteil der Intensivnutzer höchstens die Breite von sechs Prozentpunkten hat?

[b] Eine Stichprobe unter 1 287 Mobilfunknutzern ergab folgende Werte:

i	x_i	$(x_i - \overline{x})^2$
1	41,37	2,17
2	44,56	21,68
⋮	⋮	⋮
1 287	41,36	2,13
$\sum$	51 351,44	31 449,98

Berechnen und interpretieren Sie anhand der Stichprobe ein 0,95-Konfidenzintervall für die mittlere Höhe der Handygebühren eines Mobilfunknutzers.

[c] Nehmen Sie an, dass die zugrunde liegende Normalverteilung den Erwartungswert 40 Euro und die Standardabweichung fünf Euro hat. Wie hoch ist der Anteil der Mobilfunknutzer, die über 30 Euro, jedoch höchstens 42 Euro pro Monat für Handygebühren ausgeben? ◀

Aufgabe 12.11

Schwierigkeit: schwer **Zeit:** 20 Minuten

Die Anzahl der Tage, die ein Kunde auf einen Neuwagen wartet, kann als normalverteilt angesehen werden mit dem Erwartungswert einundzwanzig Tage und der Standardabweichung zehn Tage.

[a] Wie groß ist die Wahrscheinlichkeit, dass ein Kunde

[1] höchstens einundzwanzig Tage auf seinen Neuwagen warten muss?

[2] genau einundzwanzig Tage auf seinen Neuwagen warten muss?

[3] zwischen zwanzig und dreißig Tagen auf seinen Neuwagen warten muss?

[b] Mit welcher Wartezeit auf den Neuwagen muss ein Kunde mit der Wahrscheinlichkeit von

[1] 90 % mindestens rechnen?

[2] 95 % höchstens rechnen?

[c] Eine Autofirma möchte den Anteil der Kunden, die länger als achtundzwanzig Tage auf einen Neuwagen warten müssen, mit Hilfe eines 99 %-Konfidenzintervalls schätzen. In einer Umfrage stellt sich heraus, dass von 250 Käufern eines Neuwagens insgesamt 147 länger als achtundzwanzig Tage auf einen Neuwagen warten mussten. Berechnen Sie aus den Daten das 99 %-Konfidenzintervall. ◀

Aufgabe 12.12

Schwierigkeit: schwer **Zeit:** 15 Minuten

Ein Unternehmen hat eine weitere Abfüllmaschine für Gewürzpackungen angeschafft. Das Unternehmen möchte wissen, ob die neue Maschine im Mittel die Füllmenge von 12 g pro Packung einhält. Aus den Aufzeichnungen der letzten Jahre der übrigen Maschinen ist bekannt, dass die Standardabweichung $s_{alt} = 1{,}4$ g beträgt.

[a] Wie viele Packungen muss das Unternehmen nachwiegen, damit das approximative 0,99-Konfidenzintervall für die mittlere Füllmenge die Breite 0,5 g hat?

[b] Eine Beobachtung von 210 Packungen ergab eine durchschnittliche Füllmenge von 12,3 g pro Packung. Die Standardabweichung betrug 1,2 g. Wie lautet das approximative 0,99-Konfidenzintervall für die mittlere Füllmenge einer Packung?

[c] Gehen Sie im Folgenden davon aus, dass die tatsächliche Füllmenge (in g) einer Packung normalverteilt mit $\mu = 12{,}3$ und $\sigma = 1{,}2$ ist.
Welches Gewicht wird von 99,8 % aller Packungen überschritten? ◀

Aufgabe 12.13

Schwierigkeit: schwer **Zeit:** 20 Minuten

[a] Bei einer Kundenanalyse wurden zwanzig Kunden befragt, seit wie vielen Jahren sie das Produkt A kaufen. Getrennt nach Geschlecht ergaben sich folgende Daten:

$$\text{Frauen: } 2, 2, 2, 2, 3, 7, 7, 8, 9, 11$$

$$\text{Männer: } 4, 5, 5, 5, 5, 5, 5, 5, 5, 6$$

Berechnen und interpretieren Sie bitte für beide Datensätze getrennt die folgenden Kennzahlen:

[1] arithmetisches Mittel
[2] Modus
[3] Median
[4] Standardabweichung

[b] Unterstellen Sie eine Normalverteilung für die Produkttreue (in Jahren) einer Kundin. Der Erwartungswert sei 5,3 Jahre, die Standardabweichung sei 3,3 Jahre.

[1] Seit mindestens wie vielen Jahren kaufen 75 % aller Kundinnen das Produkt?

[2] Seit höchstens wie vielen Jahren kaufen 75 % aller Kundinnen das Produkt? ◀

Aufgabe 12.14

Schwierigkeit: schwer **Zeit:** 20 Minuten

In der nachfolgenden Tabelle sind die Jahresendwerte des Dax 30 und das Wachstum (in %) des BIP gegenüber dem Vorjahr (Quelle: Bundesbank) festgehalten (*Prognose):

Jahr	BIP	Dax 30
2010	+4,1	6 914
2011	+3,6	5 898
2012	+0,4	7 612
2013	+0,1	9 552
2014*	+1,4	9 866

[a] Wie hoch ist die durchschnittliche jährliche Steigerung (in %) des Dax 30 im Zeitraum 31.12.2010 bis 31.12.2014?

[b] Berechnen Sie die Korrelation zwischen der BIP-Rate und dem Dax 30.

[1] Welche Stärke hat die Korrelation?

[2] Welches Vorzeichen hat die Korrelation?

[3] Interpretieren Sie die Korrelation inhaltlich.

[c] Die Prognose des DIW für das Wachstum des BIP im Jahr 2015 beträgt 1,4 %. Mit welchem Dax 30 Index wäre dann am 31.12.2015 gemäß einer linearen Regression auf das BIP zu rechnen? Und ist der berechnete Prognosewert ein inter- oder extrapolierter Wert? (Begründung!)

[d] Die Prognose vom 28. Dezember 2014 für den Dax 30 am 31.12.2015 beträgt laut *Handelsblatt* 9 960. Mit welcher Veränderung des BIPs ist dann im Jahr 2015 gemäß einer linearen Regression auf den Dax 30 zu rechnen? Und ist der berechnete Prognosewert ein inter- oder extrapolierter Wert? (Begründung!) ◀

Aufgabe 12.15

Schwierigkeit: schwer **Zeit:** 30 Minuten

[a] Von den Kölnern gehen zum Rosenmontagszug

- 41 % der 0 bis 12-Jährigen
- 72 % der 13 bis 18-Jährigen
- 68 % der 19 bis 50-Jährigen
- 54 % der über 50-Jährigen

In Köln sind

- 10 % der Einwohner zwischen 0 und 12 Jahre alt
- 6 % der Einwohner zwischen 13 und 18 Jahre alt
- 50 % der Einwohner zwischen 19 und 50 Jahre alt
- 34 % der Einwohner über 50 Jahre alt

Wie hoch ist unter den Kölner Besuchern des Rosenmontagszugs der Anteil der

[1] 0 bis 12-Jährigen?

[2] 13 bis 18-Jährigen?

[3] 19 bis 50-Jährigen?

[4] über 50-Jährigen?

[b] Zum Zug gehen 60,78 % aller Kölner, davon sind

- 6,75 % Kinder
- 7,11 % Jugendliche
- 55,94 % Erwachsene bis 50 Jahre
- 30,21 % Erwachsene über 50 Jahre

Die Bevölkerung in Köln hat die folgende Altersstruktur:

- 10 % sind Kinder
- 6 % sind Jugendliche
- 50 % sind 19 – 50-Jährige
- 34 % sind über 50 Jahre alt

Wie viel Prozent der Kölner

[1] Kinder gehen zum Zug?

[2] Jugendlichen gehen zum Zug?

[3] 19 – 50-Jährigen gehen zum Zug?

[4] über 50-Jährigen gehen zum Zug? ◀

Aufgabe 12.16

Schwierigkeit: schwer **Zeit:** 25 Minuten

Verspätet sich ein Zug über 60 Minuten, so zahlt eine Eisenbahngesellschaft einem Fahrgast eine Entschädigung in Höhe von 20 €. Ist der Zug sogar mehr als 90 Minuten verspätet, so beträgt die Entschädigung pro Fahrgast 30 €.
Pünktlich oder unter 60 Minuten verspätet sind 91,5 % aller Züge. Zwischen 60 und 90 Minuten verspätet sind 8 % aller Züge, über 90 Minuten verspätet sind 0,5 % aller Züge. Die Entschädigung wird nur aufgrund eines Antrages ausgezahlt. Ist ein Zug verspätet, so rechnet die Eisenbahngesellschaft mit 40 Anträgen pro Zug.

[a] Mit welcher Entschädigungshöhe pro Zugfahrt muss die Eisenbahngesellschaft rechnen?

[b] Berechnen Sie die Varianz der Variablen „Höhe der Entschädigungszahlungen (in €) der Eisenbahngesellschaft pro Zugfahrt".

[c] Wie groß ist annähernd die Wahrscheinlichkeit, dass bei 100 Zugfahrten höchstens 12 000 € als Entschädigung zu zahlen sind (bzw. dass bei 100 Zugfahrten die durchschnittliche Entschädigungshöhe höchstens 120 € beträgt)?

[d] Mit welcher ungefähren Entschädigungshöhe muss die Eisenbahngesellschaft bei 100 Zugfahrten mit einer Wahrscheinlichkeit von 0,90 mindestens rechnen? ◀

Lösungen

Lösungen zu Kapitel 2: Skalierung

Tipp!

Zur Orientierung, welche Skalierung vorliegt, soll das folgende Entscheidungsdiagramm helfen:

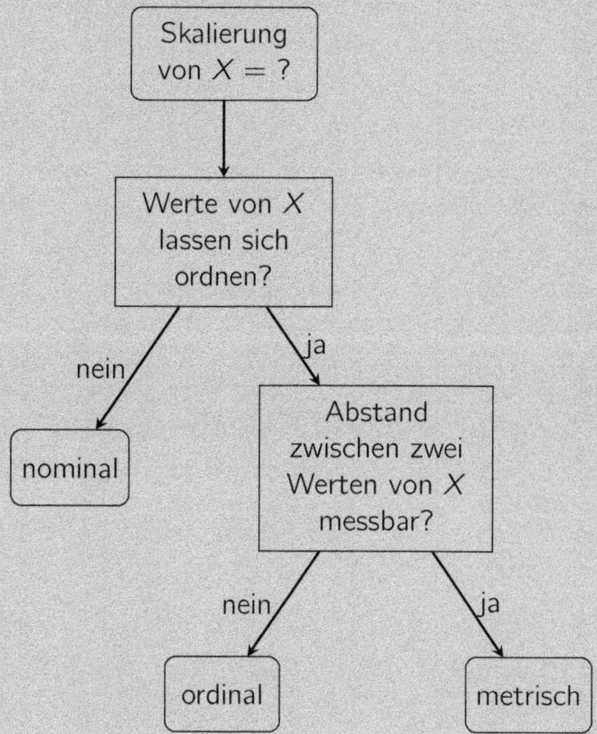

2.1

Die Variable $X =$ „monatliches Bruttogehaltsklasse eines Beschäftigten" hat fünf Klassen:

- 1=„500 bis 1 500 EUR",
- 2=„über 1 500 bis 2 500 EUR",
- 3=„über 2 500 bis 3 500 EUR",
- 4=„über 3 500 bis 4 500 EUR",
- 5=„über 4 500 bis 5 500 EUR".

Somit kann X genau fünf verschiedene Werte annehmen und ist somit eine diskrete und ordinal skalierte Variable.

Dass X ordinal skaliert ist, kann wie folgt eingesehen werden: Liegen z. B. das Bruttogehalt des ersten Befragten in der zweiten Bruttogehaltsklasse und das Bruttogehalt des zweiten Befragten in der vierten Bruttogehaltsklasse, so gilt, dass der Beschäftigte mit der Bruttogehaltsklasse zwei ein geringeres Bruttogehalt hat als der Beschäftigte mit der Bruttogehaltsklasse vier. Jedoch ist nicht klar, um wie viel EUR das Bruttogehalt kleiner ist.

2.2

$X =$ „wöchentliche Nachbereitungszeit (in h) eines Studierenden für VWL" ist stetig und metrisch skaliert. Die klassierte Variable $Y =$ „ Klasse der wöchentlichen Nachbereitungszeit (in h) eines Studierenden für VWL" ist diskret und ordinal skaliert, da Y nur die fünf Werte:

- 1=„0 bis unter 0,5",
- 2=„0,5 bis unter 1,5",
- 3=„1,5 bis unter 2,5",
- 4=„2,5 bis unter 4,0",
- 5=„4,0 oder länger "

annehmen kann.

Dass Y ordinal skaliert ist, kann wie folgt eingesehen werden: Liegen z. B. die Nachbereitungszeit des ersten befragten Studierenden in der Nachbereitungszeit-Klasse $y = 2$ und die Nachbereitungszeit des zweiten befragten Studierenden in der Nachbereitungszeit-Klasse $y = 3$, so kann nur gesagt werden kann, dass der erste Befragte eine kürzere Nachbereitungszeit hat als der zweite Befragte. Jedoch ist nicht klar, um wie viele Stunden die Nachbereitungszeit kürzer ist.

Lösungen zu Kapitel 3: Kennzahlen

Tipp!

Zur Orientierung, welcher empirische Lageparameter für eine Stichprobe vom Umfang n zu berechnen ist, soll das folgende Entscheidungsdiagramm helfen:

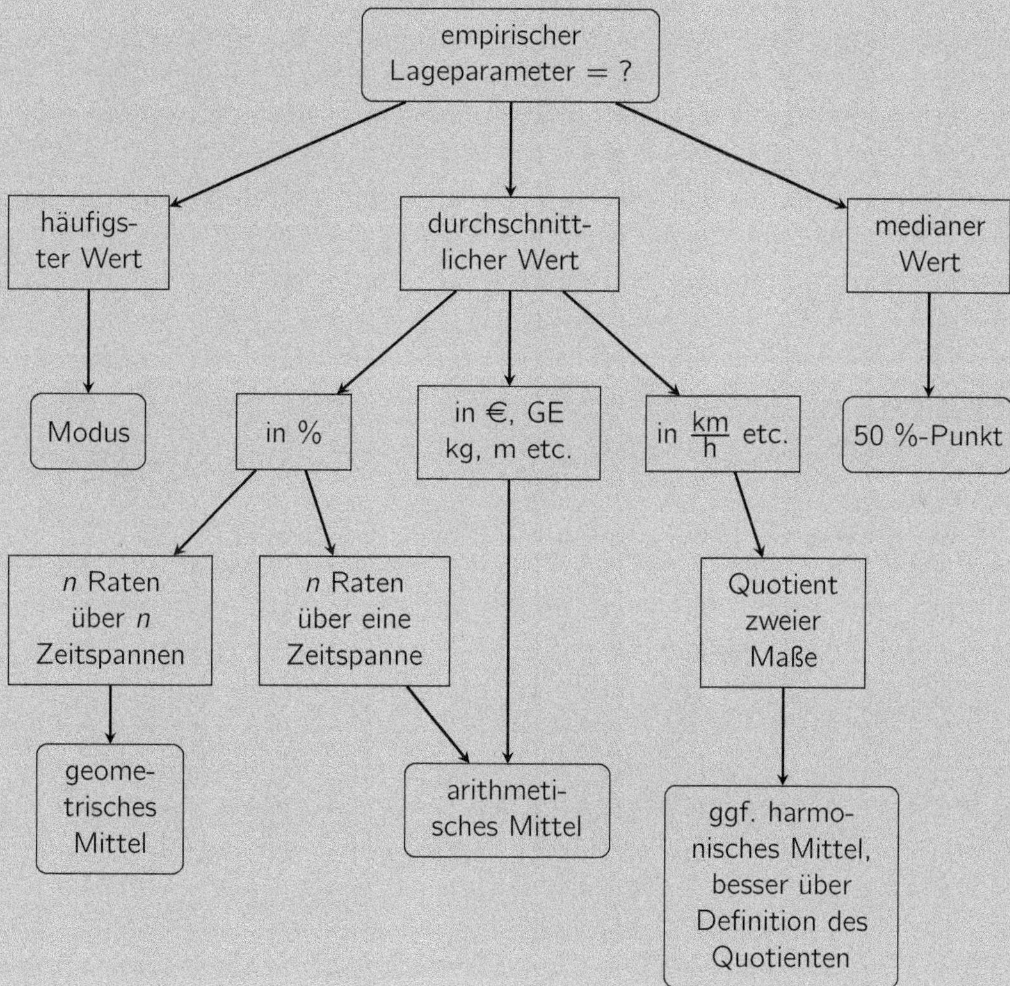

Das sollten Sie wissen!

Ist Prozent die Einheit der Stichprobenwerte $x_1, x_2, x_3, \ldots, x_n$, so muss unterschieden werden, ob die Veränderung der Werte von X entweder über mehrere Zeitspannen oder aber über nur eine Zeitperiode betrachtet wird:

- Wird z. B. die Veränderung in Prozent des Eintrittspreises X für einen Freibadbesuch über mehrere Jahre betrachtet, so ist die Reihenfolge der Beobachtungswerte x_1, x_2, x_3, $\ldots$, x_n von größter Bedeutung: x_1 = Veränderung am ersten Zeitpunkt gegenüber dem Vorjahr, x_2 = Veränderung am 2. Zeitpunkt gegenüber dem Vorjahr usw. Das geometrische Mittel aus den Faktoren $1+\frac{x_1}{100}$, $1+\frac{x_2}{100}$, $1+\frac{x_3}{100}$, $\ldots$, $1+\frac{x_n}{100}$ gibt dann die durchschnittliche jährliche Preissteigerung an.
- Wird hingegen in einer Saison die Veränderung in Prozent des Eintrittpreises X gegenüber der vorherigen Saison bei n Freibädern ermittelt, so ist insb. die Reihenfolge der Beobachtungswerte x_1, x_2, x_3, $\ldots$, x_n unerheblich. Das arithmetische Mittel der der Beobachtungswerte x_1, x_2, x_3, $\ldots$, x_n gibt dann die durchschnittliche Preissteigerung in der einen Zeitspanne, aktuelle Saison gegenüber der vorherigen Saison, an.

3.1

[a] $\overline{x} = ?$

Formel-Navigator

Verwenden Sie hier Formel 5.

$$\overline{x} = \frac{1}{5} \cdot [50 + 60 + 40 + 30 + 20] = 40$$

d. h. pro Monat wurden durchschnittlich 40 Euro für Bücher ausgegeben.

[b] [1] $W = ?$

Formel-Navigator

Verwenden Sie hier Formel 61.

$$\frac{20}{50} = 0{,}4 = \text{ Faktor}$$

$$\text{Rate} = \text{Faktor } - 1 = 0{,}4 - 1 = -0{,}6 \mathrel{\hat{=}} -60\ \%$$

[2] $\overline{x}_G = ?$

Formel-Navigator

Verwenden Sie hier Formel 8.

$$\sqrt[4]{0{,}40} = 0{,}7952707 = \text{ Faktor}$$

$$\text{Rate } = 0{,}7952707 - 1 = -0{,}2047293 \mathrel{\hat{=}} -20{,}47293\ \%$$

d. h. in den Monaten März bis Juli (einschließlich) sind die Bücherausgaben um 60 % insgesamt gesunken, pro Monat durchschnittlich um 20,5 % gefallen.

[c] [1] $x_{\text{max}} - x_{\text{min}} = ?$

Formel-Navigator

Verwenden Sie hier Formel 10.

$60 - 20 = 40$

d. h. die Spannweite beträgt 40 Euro.

[2] $s = ?$

Formel-Navigator

Verwenden Sie hier Formel 12 und Formel 18.

$$s^2 = \frac{1}{5}\left[(50-40)^2 + (60-40)^2 + (40-40)^2 + (30-40)^2 + (20-40)^2\right] =$$

$$\frac{1\,000}{5} = 200$$

$$s = \sqrt{200} = 14{,}14$$

d. h. die Standardabweichung beträgt 14,14 Euro.

3.2

[a] $\overline{x} = ?$

Formel-Navigator

Verwenden Sie hier Formel 5.

$$\overline{x}_A = \frac{34{,}5}{6} = 5{,}75$$

$$\overline{x}_B = \frac{132{,}3}{6} = 22{,}05$$

[b] Da die einzelnen arithmetischen Mittel weit auseinander liegen, sollte hier der Variationskoeffizient (Formel 19) oder der relative Quartilsabstand (Formel 20) berechnet werden.

Nr.	Gut A		Gut B	
i	x_i	x_i^2	x_i	x_i^2
1	5,50	30,25	22,20	492,84
2	5,50	30,25	20,80	432,64
3	6,90	47,61	22,90	524,41
4	5,40	29,16	20,40	416,16
5	5,20	27,04	25,00	625,00
6	6,00	36,00	21,00	441,00
$\sum$	34,50	200,31	132,30	2 932,05

$$s_A^2 = \frac{1}{6} \cdot \sum x_i^2 - 5{,}75^2 = \frac{200{,}31}{6} - 33{,}0625 = 0{,}3225$$

$$s_B^2 = \frac{1}{6} \cdot \sum x_i^2 - 22{,}05^2 = \frac{2\,932{,}05}{6} - 486{,}02025 = 2{,}4725$$

$$v_A = \frac{s_A}{\overline{x}_A} = \frac{\sqrt{0{,}3225}}{5{,}75} = 0{,}0988$$

$$v_B = \frac{s_B}{\overline{x}_B} = \frac{\sqrt{2{,}4725}}{22{,}05} = 0{,}0713$$

d. h. gemessen mit dem Variationskoeffizienten schwanken die Preise von Gut B weniger als die Preise von Gut A.

3.3

$$\text{Durchschnittsgeschwindigkeit} = \frac{\text{Strecke in km}}{\text{Zeit in h}}$$

1. Lösungsweg:

Wir nehmen an, dass die Strecke 60 km lang ist. Dann hat die Testfahrerin für die erste Hälfte der Strecke bereits die gesamte Zeit von einer Stunde verbraucht, um auf die Durchschnittsgeschwindigkeit von 60 km/h zu kommen. Sie müsste also die zweite Hälfte der Strecke in null Stunden befahren, also unendlich schnell fahren, was nicht möglich ist.

2. Lösungsweg:

Annahme: Strecke = 60 km

1/2 Strecke = 30 km, für die erste Hälfte wird also eine Stunde Fahrtdauer benötigt.

Gesucht ist x = Fahrtdauer (in h) für die 2. Hälfte der Strecke. Somit haben wir die Gleichung:

$$\frac{\text{Strecke in km}}{\text{Zeit in h}} = 60 = \frac{30+30}{1+x} = \frac{60}{1+x} \Leftrightarrow x = 0 \text{ Stunden}$$

3. Lösungsweg:

Formel-Navigator

Verwenden Sie hier Formel 9.

Gesucht: x = Durchschnittsgeschwindigkeit für die 2. Hälfte der Strecke

$$\text{harmonisches Mittel} = 60 = \frac{2}{\frac{1}{30} + \frac{1}{x}} \Leftrightarrow \frac{1}{30} + \frac{1}{x} = \frac{2}{60} \Leftrightarrow \frac{1}{x} = 0 \Leftrightarrow x = \infty \text{ km/h}$$

Das sollten Sie wissen!

Sind die Daten nicht klassiert, so lässt sich ein gesuchter Prozentpunkt x_p wie folgt direkt aus den kumulierten relativen Häufigkeiten ablesen:

- Kommt die Prozentzahl p bei den kumulierten relativen Häufigkeiten als Wert nicht vor, so ist derjenige x-Wert der gesuchte Prozentpunkt x_p, bei dem die kumulierte relative Häufigkeit erstmals größer ist als p (wie z. B. in Aufgabe 3.4 [a] und [c]).
- Kommt die Prozentzahl p bei den kumulierten relativen Häufigkeiten als Wert vor, so ist der x-Wert in der betreffenden Zeile der gesuchte Prozentpunkt x_p (wie z. B. in Aufgabe 3.4 [b]).

3.4

X = Note der ersten Diplomprüfung
Y = Note der zweiten Diplomprüfung

Note	X		Y	
	rel. Häufigk.	kum. Häufigk.	rel. Häufigk.	kum. Häufigk.
1	0,10	0,10	0,275	0,275
2	0,20	0,30	0,175	0,450
3	0,30	0,60	0,075	0,525
4	0,25	0,85	0,200	0,725
5	0,15	1,00	0,275	1,000

Bei einer Note handelt es sich um ein ordinales Merkmal.

[a] 50 %-Punkt = ?
$x_{0,50} \approx 3$ und $y_{0,50} \approx 3$
d. h. gemessen am Median war das Notenniveau bei beiden Prüfungen etwa gleich.

[b] $x_{0,60} = 3$
d. h. 60 % aller Prüflinge haben die Note befriedigend oder eine bessere Note erzielt.

[c] Quartilsabstand (Formel 11)
$x_{0,75} \approx 4$ und $x_{0,25} \approx 2 \Rightarrow x_{0,75} - x_{0,25} \approx 4 - 2 = 2$
$y_{0,75} \approx 5$ und $y_{0,25} \approx 1 \Rightarrow y_{0,75} - y_{0,25} \approx 5 - 1 = 4$
d. h. die gemessen am Quartilsabstand waren die Notenunterschiede bei der zweiten Prüfung größer als bei der ersten Prüfung.

3.5

X = Noten der Teilprüfung I
Y = Noten der Teilprüfung II

Note	kumulierte relative Häufigkeit	
	X	Y
1,0	0,02	0,02
1,3	0,07	0,02
1,7	0,13	0,03
2,0	0,24	0,09
2,3	0,33	0,17
2,7	0,43	0,28
3,0	0,52	0,42
3,3	0,58	0,49
3,7	0,68	0,63
4,0	0,79	0,79
5,0	0,99	1,00

[a] Da es sich bei Noten um ordinal skalierte Daten handelt, können zum Vergleich des Niveaus sowohl der Modus als auch der Median berechnet werden.
Die Mediane sind folgende Werte:
$x_{0,50} \approx 3{,}0$
$y_{0,50} \approx 3{,}7$
d. h. Das Noten-Niveau war in der Teilprüfung I besser.

[b] Noten sind ordinal skalierte Daten. Da sowohl die X-Daten als auch die Y-Daten identisch kodiert sind, kann zum Vergleich der Unterschiede ausnahmsweise der Quartilsabstand (Formel 11) berechnet werden.
$x_{0,25} \approx 2{,}3$
$x_{0,75} \approx 4{,}0$
Also beträgt der Quartilsabstand $x_{0,75} - x_{0,25} = 1{,}7$
$y_{0,25} \approx 2{,}7$
$y_{0,75} \approx 4{,}0$
Also beträgt der Quartilsabstand $y_{0,75} - y_{0,25} = 1{,}3$
d. h. gemessen am Quartilsabstand waren die Leistungsunterschiede in der Teilprüfung II etwas geringer.

[c] Der Quartilsabstand der Werte im Datensatz Teilprüfung II ist geringer. Hier liegen also die einzelnen Werte des Datensatzes konzentrierter um den Median.

Das sollten Sie wissen!

Die Vorgehensweise zur Berechnung von Prozentpunkten x_p aus klassierten Daten hängt davon ab, ob p bei den kumulierten relativen Häufigkeiten als Wert vorkommt oder nicht:

- Der Prozentpunkt x_p wird mit der Formel 2 bestimmt, falls p bei den kumulierten relativen Häufigkeiten als Wert nicht vorkommt (wie z. B. in Aufgabe 3.6 [a]).
- Der Prozentpunkt x_p lässt sich direkt aus der Arbeitstabelle ablesen, falls p bei den kumulierten relativen Häufigkeiten als Wert vorkommt. Dann ist x_p die Klassenobergrenze dieser Einfallsklasse (wie z. B. in Aufgabe 3.6 [c]).

3.6

X = Rentenhöhe (in Euro) einer Frau
Y = Rentenhöhe (in Euro) eines Mannes
Zunächst berechnen wir die kumulierten relativen Häufigkeiten F an den Klassenobergrenzen, um die Einfallsklasse für die Formel 2 bestimmen zu können:

von	Frauen	Männer	F_{Frauen}	$F_{\text{Männer}}$
unter 150 Euro	112	45	0,112	0,045
150 bis unter 300	187	44	0,299	0,089
300 bis unter 450	131	42	0,430	0,131
450 bis unter 600	162	52	0,592	0,183
600 bis unter 750	196	78	0,788	0,261
750 bis unter 900	112	113	0,900	0,374
900 bis unter 1 200	77	299	0,977	0,673
1 200 bis unter 1 500	20	226	0,997	0,899
1 500 Euro und mehr	3	101	1,000	1,000

[a] 50 %-Punkt = ?

Formel-Navigator

Verwenden Sie hier Formel 2.

$$x_{0,50} \approx 450 + 150 \cdot \frac{0{,}50 - 0{,}430}{0{,}162} = 514{,}82$$

$$y_{0,50} \approx 900 + 300 \cdot \frac{0{,}50 - 0{,}374}{0{,}299} = 1\,026{,}42$$

d. h. etwa 50 % aller Rentnerinnen bezieht höchstens ca. 515 Euro monatliche Rente, während etwa 50 % aller Rentner mindestens ca. 1026 Euro monatliche Rente beziehen. Das Rentenniveau ist bei den Männern etwa doppelt so hoch.

[b] relativer Quartilsabstand = ?

Formel-Navigator

Verwenden Sie hier Formel 2 und Formel 20.

$$x_{0,25} \approx 150 + 150 \cdot \frac{0{,}25 - 0{,}112}{0{,}187} = 260{,}70$$

$$x_{0,75} \approx 600 + 150 \cdot \frac{0{,}75 - 0{,}592}{0{,}196} = 720{,}92$$

Relativer Quartilsabstand: $\dfrac{x_{0,75} - x_{0,25}}{x_{0,50}} \approx \dfrac{720{,}92 - 260{,}70}{514{,}82} = 0{,}8939$

d. h. die relative Streuung der Rentenhöhe der Frauen beträgt etwa 0,90; d. h. gemessen mit dem relativen Quartilsabstand beträgt die Streuung der Rentenhöhe der Frauen etwa 90 %.

$$y_{0,25} \approx 600 + 150 \cdot \frac{0{,}25 - 0{,}183}{0{,}078} = 728{,}85$$

$$y_{0,75} \approx 1\,200 + 300 \cdot \frac{0{,}75 - 0{,}673}{0{,}226} = 1\,302{,}21$$

Relativer Quartilsabstand: $\dfrac{y_{0,75} - y_{0,25}}{y_{0,50}} \approx \dfrac{1\,302{,}21 - 728{,}85}{1\,026{,}42} = 0{,}5586$

d. h. die relative Streuung der Rentenhöhe der Männer beträgt etwa 0,56.

Die Unterschiede der einzelnen Rentenhöhen sind bei den Frauen stärker.

[c] $x_{0,90} = ?$

Dieser Prozentpunkt lässt sich direkt aus den kumulierten relativen Häufigkeiten ablesen.

$x_{0,90} = 900$

d. h. 90 % aller Rentnerinnen beziehen höchstens 900 Euro Rente.

Das sollten Sie wissen!

Die Vorgehensweise zur Berechnung von Anteilswerten $F(x)$ bei klassierten Daten hängt davon ab, ob x eine Klassenobergrenze ist oder nicht:

- Der Anteilswert $F(x)$ wird mit Hilfe der Formel 1 bestimmt, falls x keine Klassenobergrenze ist (wie z. B. in Aufgabe 3.7 [c]).
- Der Anteilswert $F(x)$ lässt sich aus den kumulierten relativen Häufigkeiten direkt ablesen, falls x eine Klassenobergrenze ist (wie z. B. in Aufgabe 3.7 [d]).

3.7

X = Einkommen einer Frau
Y = Einkommen eines Mannes

Klasse	n_j^X/n	F_X	n_j^Y/n	F_Y
< 750	0,15	0,15	0,10	0,10
750 – 1 000	0,21	0,36	0,13	0,23
1 000 – 1 250	0,20	0,56	0,16	0,39
1 250 – 1 500	0,15	0,71	0,18	0,57
1 500 – 1 750	0,10	0,81	0,14	0,71
1 750 – 2 000	0,07	0,88	0,09	0,80
2 000 – 3 000	0,10	0,98	0,13	0,93
3 000 – 4 000	0,01	0,99	0,04	0,97
≥ 4 000	0,01	1,00	0,03	1,00

[a] [1] 50 %-Punkt = ?

Formel-Navigator

Verwenden Sie hier Formel 2.

Einfallsklasse = 3. Klasse

$$x_{0,50} \approx 1\,000 + \frac{0,50 - 0,36}{0,20} \cdot 250 = 1\,175$$

[2] $$y_{0,50} \approx 1\,250 + \frac{0,50 - 0,39}{0,18} \cdot 250 = 1\,402,78$$

[3] $\dfrac{1\,402{,}78}{1\,175} = 1{,}19$

d. h. die Männer haben ein um etwa 19 % höheres medianes Einkommen als die Frauen.

[b] *1. Lösungsweg:*

$\dfrac{5+1+1}{100} = 0{,}07 = 7\ \%$

2. Lösungsweg:

$F_X(2\,500) \approx 0{,}88 + \dfrac{0{,}10}{1\,000} \cdot (2\,500 - 2\,000) = 0{,}93$ mit Formel 1

$100\ \% - 93\ \% = 7\ \%$

d. h. etwa 7 % aller Frauen haben ein Einkommen über 2 500 €.

[c] $F_Y(1\,600) = ?$

Formel-Navigator

Verwenden Sie hier Formel 1.

$F_Y(1\,600) \approx 0{,}57 + \dfrac{0{,}14}{250} \cdot (1\,600 - 1\,500) = 0{,}61$

d. h. etwa 61 % aller Männer haben ein Einkommen unter 1 600 €.

[d] Direkt aus der Tabelle ohne Formel 1 ergibt sich:

$F_X(2\,000) \approx 0{,}88$

$100\ \% - 88\ \% = 12\ \%$

d. h. etwa 12 % der alleinstehenden Frauen haben ein Einkommen von mindestens 2 000 €.

Tipp!

Ist der Stichprobenumfang n in den beiden Formeln 7 und 16 zur Berechnung des arithmetischen Mittels bzw. der Varianz aus klassierten Daten unbekannt, so kann ersatzweise mit $n = 100$ gerechnet werden. Die absoluten Häufigkeiten n_j sind dann die relativen Häufigkeiten in Prozent (wie z. B. in Aufgabe 3.8 [a]).

3.8

X = TV-Konsum in Stunden pro Woche eines Nicht-Rentners
Y = TV-Konsum in Stunden pro Woche eines Rentners

Klasse	n_j^X/n	n_j^Y/n	F^X	F^Y	b_j	x_j'	$\frac{n_j^X/n}{b_j}$	$\frac{n_j^Y/n}{b_j}$
von 0 bis 17	0,296	0,376	0,296	0,376	17	8,5	0,0174	0,0221
über 17 bis 21	0,357	0,306	0,653	0,682	4	19	0,0893	0,0765
über 21 bis 36	0,347	0,318	1,000	1,000	15	28,5	0,0231	0,0212
$\sum$	1	1						

[a] *1. Lösungsweg:* (Formel 7)

$$\overline{x} \approx 8{,}5 \cdot 0{,}296 + 19 \cdot 0{,}357 + 28{,}5 \cdot 0{,}347 = 19{,}1885$$

$$\overline{y} \approx 8{,}5 \cdot 0{,}376 + 19 \cdot 0{,}306 + 28{,}5 \cdot 0{,}318 = 18{,}073$$

d. h. gemessen mit dem arithmetischen Mittel ist der TV-Konsum von Rentnern geringer.

2. Lösungsweg: (Formel 7)

Mit der Annahme, dass $n = 100$ beträgt:

$$\overline{x} \approx \frac{1}{100}[8{,}5 \cdot 29{,}6 + 19 \cdot 35{,}7 + 28{,}5 \cdot 34{,}7] = 19{,}1885$$

$$\overline{y} \approx \frac{1}{100}[8{,}5 \cdot 37{,}6 + 19 \cdot 30{,}6 + 28{,}5 \cdot 31{,}8] = 18{,}073$$

3. Lösungsweg: (Formel 2)

$$x_{0,50} \approx 17 + \frac{0{,}5 - 0{,}296}{0{,}357} \cdot 4 = 19{,}28571$$

$$y_{0,50} \approx 17 + \frac{0{,}5 - 0{,}376}{0{,}306} \cdot 4 = 18{,}62092$$

d. h. gemessen mit dem Median ist der TV-Konsum von Rentnern geringer.

4. Lösungsweg: (Formel 4)

$$x_{\text{Modus}} = y_{\text{Modus}} = 19$$

d. h. gemessen mit dem Modus gibt es keine Unterschiede in der Länge des TV-Konsums von Rentnern und Nicht-Rentnern.

[b] $F_X(28) = ?$

Formel-Navigator

Verwenden Sie hier Formel 1.

$$F_X(28) \approx 0{,}653 + \frac{0{,}347}{15} \cdot (28 - 21) = 0{,}8149333 \approx 0{,}815$$

d. h. etwa 18,5 % aller Befragten, die keine Rentner sind, sehen über 28 Stunden pro Woche fern.

[c] $y_{0,75} = ?$

Formel-Navigator

Verwenden Sie hier Formel 2.

$$y_{0,75} \approx 21 + \frac{0{,}75 - 0{,}682}{0{,}318} \cdot 15 = 24{,}20755$$

d. h. etwa 25 % aller Rentner sehen pro Woche mehr als 24 Stunden fern.

[d] $s = ?$

Formel-Navigator

Verwenden Sie hier Formel 16 und Formel 18.

$$s_Y^2 \approx (8{,}5-18{,}073)^2 \cdot 0{,}376 + (19-18{,}073)^2 \cdot 0{,}306 + (28{,}5-18{,}073)^2 \cdot 0{,}318 = 69{,}29417$$

$$s_Y \approx \sqrt{69{,}29417} = 8{,}324312$$

d. h. gemessen mit der Standardabweichung schwankt der TV-Konsum von Rentnern um etwa acht Stunden.

[e] $0{,}376 + 0{,}306 = 0{,}682$

d. h. 68,2 % der Rentner schauen höchstens 21 Stunden pro Woche TV.

3.9

Alter	Raucher		Einwohner	
in Jahren	weiblich	männlich	weiblich	männlich
über 11 bis 18	348	434	2 900	3 100
über 18 bis 25	1 628	1 656	4 400	4 600
über 25	2 240	2 310	8 000	7 000
$\sum$	4 216	4 400	15 300	14 700

[a] $\frac{4\,216}{15\,300} = 0{,}2756 = 28\ \%$

d. h. 28 % aller weiblichen Einwohner über 11 Jahre rauchen.

[b] $\frac{4\,216 + 4\,400}{15\,300 + 14\,700} = \frac{8\,616}{30\,000} = 0{,}2872 = 29\ \%$

d. h. 29 % aller Einwohner über 11 Jahre rauchen.

[c] $\frac{4\,216}{4\,216 + 4\,400} = 0{,}4893 = 49\ \%$

d. h. 49 % aller Raucher (über 11 Jahre) sind weiblich.

3.10

X = Wartezeit eines Fluggastes in Minuten

$x_{j-1}^* < x \leq x_j^*$	n_j/n	x_j'	b_j	F
0 – 10	0,1	5	10	0,1
10 – 20	0,7	15	10	0,8
20 – 60	0,2	40	40	1,0

[a] $1 - F(30) = ?$

Formel-Navigator

Verwenden Sie hier Formel 1.

$$F(30) \approx 0{,}8 + \frac{0{,}2}{40} \cdot (30 - 20) = 0{,}85$$

100 % − 85 % = 15 %

d. h. ca. 15 % der Fluggäste müssen länger als 30 Minuten warten.

[b] $\overline{x} = ?$

Formel-Navigator

Verwenden Sie hier Formel 7.

$$\overline{x} \approx 5 \cdot 0{,}1 + 15 \cdot 0{,}7 + 40 \cdot 0{,}2 = 19$$

d. h. im Durchschnitt beträgt die Wartezeit eines Fluggastes etwa 19 Minuten.

[c] $x_{0,50} = ?$

Formel-Navigator

Verwenden Sie hier Formel 2.

$$x_{0,50} \approx 10 + \frac{0{,}5 - 0{,}1}{0{,}7} \cdot 10 = 15{,}71429$$

d. h. die mediane Wartezeit eines Fluggastes beträgt etwa 16 Minuten.

[d] Nur für symmetrische Verteilungen sind die beiden Kennzahlen identisch. Da in diesem Datensatz die Fluggäste eher länger als kürzer warten, handelt es sich hier um eine schiefe, insb. nicht symmetrische Verteilung. Deshalb sind die beiden Kennzahlen unterschiedlich groß.

Lösungen zu Kapitel 4: Rechnen mit Wahrscheinlichkeiten

Tipp!

Das Rechnen mit Wahrscheinlichkeiten wird von den Studierenden als schwierigstes Kapitel der Grundlagen der Statistik empfunden. Hilfreich in einer solchen Situation ist es, wenn die Ereignisse mit „naheliegenden" Buchstaben z. B. A = „Ausschuss" oder G = „Gewinn" usw. bezeichnet werden. Naheliegend sind dabei z. B. die Anfangsbuchstaben der Ereignisse. Dann ist der Wiedererkennungswert hoch. (Schwieriger und damit zeitlich aufwändiger ist es, wenn z. B. bei einer Zerlegung die Ereignisse mit B_1, B_2, ... B_5 bezeichnet werden.)

Das sollten Sie wissen!

Liegen genau zwei Ereignisse A, B vor, so kann für die Berechnung der Wahrscheinlichkeiten aller Durchschnitte $A \cap B$, $A \cap \overline{B}$, $\overline{A} \cap B$, $\overline{A} \cap \overline{B}$ eine Arbeitstabelle aufgestellt werden (wie z. B. in Aufgabe 4.1).

4.1

A = „bei zufällig ausgewähltem Gepäckstück wird Alarm ausgelöst"
E = „zufällig ausgewähltes Gepäckstück ist einwandfrei"

Gesucht: $P(\overline{E} \mid A) = ?$

Gegeben sind folgende Wahrscheinlichkeiten:
$0{,}02 = P(A)$
$0{,}01 = P(A \mid E)$

$0{,}04 = P(\overline{A} \mid \overline{E}) \Rightarrow P(A \mid \overline{E}) = 1 - 0{,}04 = 0{,}96$

Um eine Arbeitstabelle aufstellen zu können, wird zunächst $P(E)$ berechnet.

Formel-Navigator

Verwenden Sie hier Formel 34.

$$P(A) = P(A \cap E) + P(A \cap \overline{E}) = P(A \mid E) \cdot P(E) + P(A \mid \overline{E}) \cdot (1 - P(E))$$
$$\Leftrightarrow 0{,}02 = 0{,}01 \cdot P(E) + 0{,}96 \cdot (1 - P(E))$$
$$\Leftrightarrow 0{,}02 = 0{,}01 \cdot P(E) + 0{,}96 - 0{,}96 \cdot P(E) = 0{,}96 - 0{,}95 \cdot P(E)$$
$$\Leftrightarrow P(E) = \frac{0{,}94}{0{,}95} = 0{,}9894737$$

Für die Arbeitstabelle wird anschließend $P(A \cap E)$ berechnet.

Formel-Navigator

Verwenden Sie hier Formel 34.

$$P(A \cap E) = P(A \mid E) \cdot P(E) = 0{,}01 \cdot 0{,}9894737 = 0{,}0099$$

Arbeitstabelle:

	A	$\overline{A}$	$\sum$
E	0,0099	0,9796	0,9895
$\overline{E}$	0,0101	0,0004	0,0105
$\sum$	0,02	0,98	1

Formel-Navigator

Verwenden Sie hier Formel 33.

$$P(\overline{E} \mid A) = \frac{P(A \cap \overline{E})}{P(A)} = \frac{0{,}0101}{0{,}02} = 0{,}505$$

d. h. die Wahrscheinlichkeit beträgt 50,5 %.

4.2

[a] $44{,}9 + 22{,}6 + 18{,}6 = 86{,}1$
d. h. der Anteil beträgt 86,1 %.

[b] Gemäß der Tabelle in der Aufgabenstellung beträgt $P(A) = 0{,}226$. Also muss $P(A \mid B)$ ebenfalls 0,226 betragen, damit A, B stochastisch unabhängig sind.

4.3

G = Frau Z. erhält den Hauptgewinn
T_1 = Frau Z. erhält den ersten der beiden Trostpreise
T_2 = Frau Z. erhält den zweiten der beiden Trostpreise
insb. sind die beiden Ereignisse T_1 und T_2 disjunkt, weil Frau Z., wenn überhaupt, so nur einen der beiden Trostpreise erhalten kann.

[1] Verfahren 1

Im Baumdiagramm sieht der Ablauf wie folgt aus:

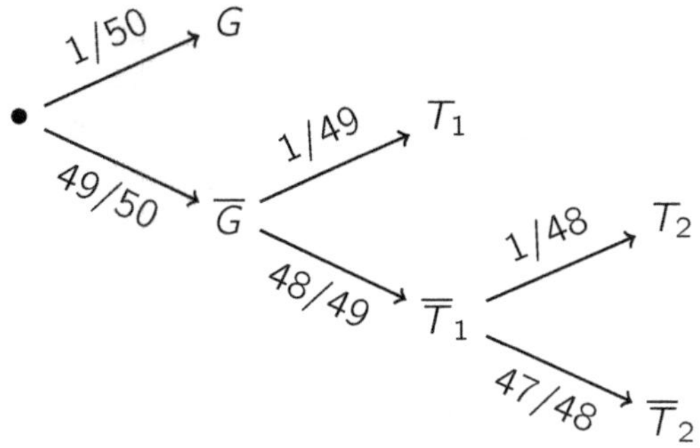

[a] $P(G) = \frac{1}{50}$

[b] $P(T_1) = \frac{49}{50} \cdot \frac{1}{49} = \frac{1}{50}$ und $P(T_2) = \frac{49}{50} \cdot \frac{48}{49} \cdot \frac{1}{48} = \frac{1}{50}$

Formel-Navigator

Verwenden Sie hier Formel 29.

$$P(T_1 \cup T_2) = P(T_1) + P(T_2) = \frac{1}{50} + \frac{1}{50} = \frac{2}{50} = \frac{1}{25}$$

[2] Verfahren 2

Im Baumdiagramm sieht der Ablauf wie folgt aus:

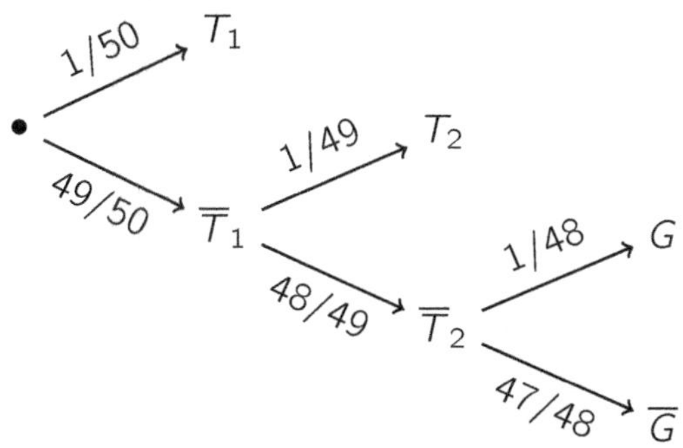

[a] $P(G) = \frac{49}{50} \cdot \frac{48}{49} \cdot \frac{1}{48} = \frac{1}{50}$

[b] $P(T_1) = \frac{1}{50}$ und $P(T_2) = \frac{49}{50} \cdot \frac{1}{49} = \frac{1}{25}$

Formel-Navigator

Verwenden Sie hier Formel 29.

$$P(T_1 \cup T_2) = P(T_1) + P(T_2) = \frac{1}{50} + \frac{1}{50} = \frac{1}{25}$$

d. h. die Wahrscheinlichkeiten für Gewinn und für einen Trostpreis sind in beiden Verfahren gleich groß.

Das sollten Sie wissen!

Gemäß den allgemeinen Regeln nach A. Kolmogorov (Formel 29) dürfen die Wahrscheinlichkeiten zweier Ereignisse addiert werden, wenn die beiden Ereignisse disjunkt sind (wie z. B. für $P(A)$ in Aufgabe 4.1 und für $P(T)$ in Aufgabe 4.4).

4.4

K = TBC-krank
T = TBC-Röntgen-Test positiv
Gegeben sind folgende Wahrscheinlichkeiten:
$0{,}002 = P(K)$
$0{,}90 = P(T \mid K)$
$0{,}05 = P(T \mid \overline{K})$
Gesucht ist: $P(K \mid T) =?$
Zunächst wird mit der Überlegung $T = (K \cap T) \cup (\overline{K} \cap T)$ die Wahrscheinlichkeit $P(T)$ berechnet.

Formel-Navigator

Verwenden Sie hier Formel 33 und Formel 34.

$$P(K \cap T) = P(T \mid K) \cdot P(K) = 0{,}90 \cdot 0{,}002 = 0{,}0018$$
$$P(\overline{K} \cap T) = P(T \mid \overline{K}) \cdot P(\overline{K}) = 0{,}05 \cdot 0{,}998 = 0{,}0499$$
$$P(T) = 0{,}0018 + 0{,}0499 = 0{,}0517$$

Jetzt lässt sich die Arbeitstabelle aufstellen:

	K	$\overline{K}$	$\sum$
T	0,0018	0,0499	0,0517
$\overline{T}$	0,0002	0,9481	0,9483
$\sum$	0,0020	0,9980	1

Formel-Navigator

Verwenden Sie hier Formel 34.

$$P(K \mid T) = \frac{0{,}0018}{0{,}0517} = 0{,}0348$$

d. h. die Wahrscheinlichkeit beträgt 3,48 %.

Das sollten Sie wissen!

Liegen mehr als zwei Ereignisse vor, so kann ebenfalls eine Arbeitstabelle aufgestellt werden, falls die Ereignisse eine Zerlegung darstellen wie z. B. in Aufgabe 4.5 die drei Ereignisse Uni, FH, B.

4.5

Uni = zufällig ausgewählter Hochschulabsolvent kommt von einer Uni
FH = zufällig ausgewählter Hochschulabsolvent kommt von einer Fachhochschule
B = zufällig ausgewählter Hochschulabsolvent kommt von einer Berufsakademie
Gegeben sind folgende Anteile:
$P(E) = 0{,}1$

Formel-Navigator

Verwenden Sie hier Formel 34.

$0{,}74 = P(Uni)$ und $0{,}54 = P(Uni \mid E) \Rightarrow P(E \cap Uni) = 0{,}54 \cdot 0{,}1 = 0{,}054$
$0{,}25 = P(FH)$ und $0{,}37 = P(FH \mid E) \Rightarrow P(E \cap FH) = 0{,}37 \cdot 0{,}1 = 0{,}037$
$0{,}01 = P(B)$ und $0{,}09 = P(B \mid E) \Rightarrow P(E \cap B) = 0{,}09 \cdot 0{,}1 = 0{,}009$
Da die drei Ereignisse Uni, FH, B eine Zerlegung darstellen, kann für die Berechnung der Wahrscheinlichkeiten der Durchschnitte eine Arbeitstabelle aufgestellt werden.
Arbeitstabelle:

	Uni	FH	B	$\sum$
E	0,054	0,037	0,009	0,100
$\overline{E}$				
$\sum$	0,74	0,25	0,01	1

Formel-Navigator

Verwenden Sie hier Formel 33.

[a] $P(E \mid Uni) = \dfrac{0{,}054}{0{,}74} = 0{,}0\overline{729}$

[b] $P(E \mid FH) = \dfrac{0{,}037}{0{,}25} = 0{,}148$

[c] $P(E \mid B) = \dfrac{0{,}009}{0{,}01} = 0{,}90$

d. h. von den Uni-Absolventen wurden 7,3 % eingestellt, von den FH-Absolventen 14,8 % und von den Absolventen einer Berufsakademie 90 %.

Lösungen

4.6

N = Neuwagen

A_1 = 18 bis 29 Jahre und $P(N \mid A_1) = 0{,}13$ und $P(A_1) = 0{,}10$

A_2 = 30 bis 39 Jahre und $P(N \mid A_2) = 0{,}37$ und $P(A_2) = 0{,}20$

A_3 = 40 bis 49 Jahre und $P(N \mid A_3) = 0{,}39$ und $P(A_3) = 0{,}26$

A_4 = 50 bis 59 Jahre und $P(N \mid A_4) = 0{,}49$ und $P(A_4) = 0{,}20$

A_5 = 60 Jahre oder älter und $P(N \mid A_5) = 0{,}63$ und $P(A_5) = 0{,}24$

Daraus ergeben sich mit der Formel 34 folgende Anteile:

$P(N \cap A_1) = 0{,}13 \cdot 0{,}10 = 0{,}0130$

$P(N \cap A_2) = 0{,}37 \cdot 0{,}20 = 0{,}0740$

$P(N \cap A_3) = 0{,}39 \cdot 0{,}26 = 0{,}1014$

$P(N \cap A_4) = 0{,}49 \cdot 0{,}20 = 0{,}0980$

$P(N \cap A_5) = 0{,}63 \cdot 0{,}24 = 0{,}1512$

Die fünf Ereignisse A_1, A_2, A_3, A_4, A_5 stellen eine Zerlegung dar.

	A_1	A_2	A_3	A_4	A_5	$\sum$
N	0,0130	0,0740	0,1014	0,0980	0,1512	0,4376
$\overline{N}$						
$\sum$	0,10	0,20	0,26	0,20	0,24	1

[a] [1] $P(A_5 \mid N) = ?$

Formel-Navigator

Verwenden Sie hier Formel 33.

$$P(A_5 \mid N) = \frac{P(A_5 \cap N)}{P(N)} = \frac{0{,}1512}{0{,}4376} = 0{,}3455$$

d. h. 35 % der Halter eines Neuwagens sind mindestens 60 Jahre alt.

[2] $P(A_1 \mid N) = ?$

Formel-Navigator

Verwenden Sie hier Formel 33.

$$P(A_1 \mid N) = \frac{P(A_1 \cap N)}{P(N)} = \frac{0{,}0130}{0{,}4376} = 0{,}0297$$

d. h. 3 % der Halter eines Neuwagens sind 18 bis 29 Jahre alt.

[3] *1. Lösungsweg:*

$1 - 0{,}0297 - 0{,}3455 = 0{,}6248$

d. h. 63 % der Halter eines Neuwagens sind 30 bis 59 Jahre alt.

2. Lösungsweg

$$P(A_2 \cup A_3 \cup A_4 \mid N) = \frac{0{,}0740 + 0{,}1014 + 0{,}0980}{0{,}4376} = 0{,}6247715$$

[b] $P(N \mid A_5) \neq P(N)$?

Formel-Navigator

Verwenden Sie hier Formel 35.

$P(N \mid A_5) = 0{,}63 \neq 0{,}4376 = P(N)$
d. h. die Ereignisse A_5 und N sind nicht stochastisch unabhängig.
d. h. die Ereignisse A_5 und N sind abhängig.

Das sollten Sie wissen!

Liegen drei Ereignisse vor, die jedoch keine Zerlegung darstellen, so kann für die Berechnung der Wahrscheinlichkeiten aller Durchschnitte ein Venndiagramm aufgestellt werden (wie z. B. für die drei Ereignisse A, B, C in Aufgabe 4.7).

4.7
A = zufällig ausgewähltes Produktionsstück wird von Arbeiter A bearbeitet
B = zufällig ausgewähltes Produktionsstück wird von Arbeiter B bearbeitet
C = zufällig ausgewähltes Produktionsstück wird von Arbeiter C bearbeitet

Da die drei Ereignisse A, B, C keine Zerlegung darstellen, kann für die Berechnung der Wahrscheinlichkeiten der Durchschnitte keine Arbeitstabelle aufgestellt werden. Stattdessen wird ein Venndiagramm erstellt.

Venndiagramm

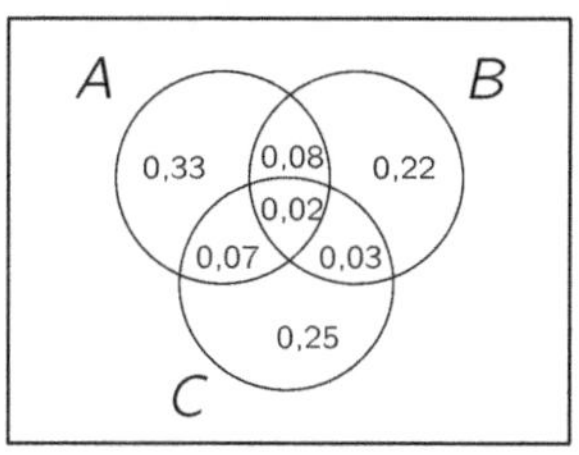

50 % aller Stücke wurden von A bearbeitet
35 % aller Stücke werden von B bearbeitet
37 % aller Stücke werden von C bearbeitet.
$50 + 35 + 37 = 122$
d. h. Arbeiter A bekommt $1\,000 \cdot \frac{50}{122} = 410$ GE,
Arbeiter B bekommt $1\,000 \cdot \frac{35}{122} = 287$ GE,
Arbeiter C bekommt $1\,000 \cdot \frac{37}{122} = 303$ GE.

Das sollten Sie wissen!

Um Laplace-Wahrscheinlichkeiten berechnen zu können, muss die Bestimmung des Stichprobenraums S im Urnenmodell so gestaltet werden, dass jedes Ergebnis aus S die gleiche Chance hat.

Tipp!

Bei Abzähl-Aufgaben, die gemäß einem Ziehen von k Kugeln aus n Kugeln in einem Urnenmodell gelöst werden, ist es häufig für das Verständnis sehr hilfreich, erst einmal mit einem kleineren k als vorgegeben zu arbeiten (wie z. B. in Aufgabe 4.8).

4.8

Vorüberlegung: Statt $k = 23$ Personen betrachten wir zunächst nur $k = 2$ Personen P_1 und P_2. Dann gibt es für die Geburtstage dieser zwei Personen insgesamt $\sharp S = 365 \cdot 365 = 365^2$ verschiedene Möglichkeiten. Jede dieser Möglichkeiten hat die gleiche Chance $\frac{1}{365^2}$. So beträgt z. B. die Wahrscheinlichkeit, dass beide Personen am 30.03. Geburtstag haben $\frac{1}{365^2}$. Und die Wahrscheinlichkeit, dass die Geburtstage der beiden Personen der 30.03. und der 31.03. sind, beträgt $\frac{2}{365^2}$, da entweder P_1 am 30.03. und P_2 am 31.03. Geburtstag haben, oder P_1 am 31.03. und P_2 am 30.03. Würde die Reihenfolge der Geburtstage vernachlässigt, so hätten im Urnenmodell nicht mehr alle Ergebnisse die gleiche Chance.

Nach dieser Vorüberlegung arbeiten wir jetzt mit $k = 23$ Personen, wie es in der Aufgabenstellung vorgegeben ist.

A = alle haben an verschiedenen Tagen Geburtstag

Zunächst berechnen wir, wie viele verschiedene Möglichkeiten es für die 23 Geburtstage in der Gruppe insgesamt gibt, wenn jede dieser verschiedenen Möglichkeiten die gleiche Chance haben soll. Im Urnenmodell entspricht das dem Ziehen von $k = 23$ Kugeln aus $n = 365$ Kugeln und zwar mit Zurücklegen und mit Berücksichtigung der Reihenfolge. Gemäß Formel 24 ergibt sich:

$\sharp S = n^k = 365^{23}$

[a] Die Anzahl der verschiedenen Möglichkeiten für A berechnen wir über ein geeignetes Urnenmodell. Die Anzahl $\sharp A$ ergibt sich, wenn $k = 23$ Kugeln aus einer Urne mit $n = 365$ Kugeln gezogen werden und zwar ohne Zurücklegen und mit Berücksichtigung der Reihenfolge. Gemäß Formel 23 ergibt sich:

$$\sharp A = \frac{n!}{(n-k)!} = \frac{365!}{(365-23)!} = \frac{365!}{342!}$$

Mit Formel 30 ergibt sich die Wahrscheinlichkeit gemäß Laplace:

$$P(A) = \frac{\sharp A}{\sharp S} = \frac{365!/342!}{365^{23}} = 0{,}4927028$$

d. h. die Wahrscheinlichkeit liegt bei knapp 50 %.

[b] $P(\overline{A}) = 1 - P(A) = 1 - 0{,}4927028 \approx 0{,}5$

d. h. die Wahrscheinlichkeit beträgt etwa 50 %.

Lösungen zu Kapitel 5: Zufallsvariablen

Das sollten Sie wissen!

- Damit für zwei diskrete Zufallsvariablen X, Y stochastische Unabhängigkeit vorliegt, muss für alle möglichen (x, y)-Kombinationen gelten:

$$P(X = x, Y = y) = P(X = x) \cdot P(Y = y)$$

Für eine stochastische Unabhängigkeit sind also alle (x, y)-Kombinationen zu überprüfen (wie z. B. in Aufgabe 5.2).

- Hingegen reicht es für die Abhängigkeit zweier diskreter Zufallsvariablen X, Y, lediglich eine (x, y)-Kombination zu finden mit der Eigenschaft:

$$P(X = x, Y = y) \neq P(X = x) \cdot P(Y = y)$$

(wie z. B. in Aufgabe 5.1)

5.1

X = Minimum der beiden Augenzahlen
Y = Maximum der beiden Augenzahlen
Vorbemerkung: Das Minimum zweier Zahlen ist definiert als die kleinere der beiden Zahlen. Sind beide Zahlen gleich groß, so ist das Minimum eine dieser beiden gleich großen Zahlen. Z. B. $\text{Min}\{4, 8\} = 4$ und $\text{Min}\{5, 5\} = 5$. Das Maximum zweier Zahlen ist definiert als die größere der beiden Zahlen. Sind beide Zahlen gleich groß, so ist das Maximum eine dieser beiden gleich großen Zahlen. Z. B. $\text{Max}\{4, 8\} = 8$ und $\text{Max}\{5, 5\} = 5$.

Um zu zeigen, dass $X = \text{Min}$ und $Y = \text{Max}$ nicht stochastisch unabhängig sind, muss nur eine Kombination (x, y) gefunden werden, für die gilt: $P(X = x \cap Y = y)$ ist ungleich $P(X = x) \cdot P(Y = y)$. In dieser Lösung wird die Kombination $(x, y) = (2, 4)$ gewählt. Für diese Kombination prüfen wir, ob gilt:

$P(X = 2, Y = 4) \stackrel{?}{=} P(X = 2) \cdot P(Y = 4)$

Formel-Navigator

Verwenden Sie hier Formel 41.

Das Minimum der beiden Augenzahlen beträgt genau dann zwei, d. h. $\{X = 2\}$, wenn eine der folgenden Kombinationen gewürfelt wird:

$$(2, 2), (2, 3), (2, 4), (2, 5), (2, 6), (6, 2), (5, 2), (4, 2), (3, 2)$$

Da jede dieser neun Kombinationen die gleiche Chance $\frac{1}{36}$ hat, gilt nach Formel 30:

$$P(X = 2) = \frac{9}{36}$$

Das Maximum der beiden Augenzahlen beträgt genau dann vier, d. h. $\{Y = 4\}$, wenn eine der folgenden Kombinationen gewürfelt wird:

$$(1, 4), (2, 4), (3, 4), (4, 4), (4, 3), (4, 2), (4, 1)$$

Da jede dieser sieben Kombinationen die gleiche Chance $\frac{1}{36}$ hat, gilt nach Formel 30:

$$P(Y = 4) = \frac{7}{36}$$

Damit zwei das Minium und vier das Maximum der beiden Augenzahlen sind, muss eine der folgenden Kombinationen gewürfelt werden:

$$(2, 4), (4, 2)$$

Da jede dieser zwei Kombinationen die gleiche Chance $\frac{1}{36}$ hat, gilt nach Formel 30:

$$P(X = 2 \cap Y = 4) = \frac{2}{36}$$

Somit haben wir:

$$P(X = 2 \cap Y = 4) = \frac{2}{36} \neq \frac{9}{36} \cdot \frac{7}{36} = P(X = 2) \cdot P(Y = 4)$$

Es gibt somit mindestens eine (x, y)-Kombination, für die gilt:

$$P(X = x \cap Y = y) \neq P(X = x) \cdot P(Y = y)$$

d. h. X, Y sind nicht stochastisch unabhängig.

5.2

X = Anzahl der zurückgegebenen Mietwagen von Budget
Y = Anzahl der zurückgegebenen Mietwagen von Hertz

Formel-Navigator

Verwenden Sie hier Formel 41.

[a] $P(X + Y = 7) =$
$= P(X = 2 \cap Y = 5) + P(X = 3 \cap Y = 4) + P(X = 4 \cap Y = 3) =$
$= P(X = 2) \cdot P(Y = 5) + P(X = 3) \cdot P(Y = 4) + P(X = 4) \cdot P(Y = 3) =$
$= 0{,}3 \cdot 0{,}1 + 0{,}1 \cdot 0{,}2 + 0{,}1 \cdot 0{,}1 = 0{,}06$
d. h. die Wahrscheinlichkeit beträgt 6 %.

[b] $P(X+Y \geq 8) = P(X+Y=8) + P(X+Y=9)$
$P(X+Y=8) = 0{,}1 \cdot 0{,}1 + 0{,}1 \cdot 0{,}2 = 0{,}03$
$P(X+Y=9) = P(X=4) \cdot P(Y=5) = 0{,}1 \cdot 0{,}1 = 0{,}01$
$\Rightarrow P(X+Y \geq 8) = 0{,}03 + 0{,}01 = 0{,}04$
d. h. die Wahrscheinlichkeit beträgt 4 %.

[c] $P(X+Y \leq 7) = 1 - P(X+Y > 7) = 1 - 0{,}04 = 0{,}96$
d. h. die Wahrscheinlichkeit beträgt 96 %.

5.3

[a] Der Erwartungswert ist eine Maßzahl für die Lage einer Zufallsvariablen. Die Standardabweichung ist eine Maßzahl für die Streuung einer Zufallsvariablen.

[1] Es ist die Summe der mit den Wahrscheinlichkeiten gewichteten Realisationen von X zu berechnen.

Formel-Navigator

Verwenden Sie hier Formel 42.

$E[X] = 0 \cdot 0{,}3 + 1 \cdot 0{,}4 + 2 \cdot 0{,}2 + 3 \cdot 0{,}07 + 4 \cdot 0{,}03 = 1{,}13$
d. h. im Mittel ist bei Durchführung des zugehörigen Zufallsexperiments mit einem Wert von 1,13 zu rechnen.

[2] Es ist die Summe der mit den Wahrscheinlichkeiten gewichteten quadrierten Abweichungen der Realisationen vom Erwartungswert zu berechnen.

Formel-Navigator

Verwenden Sie hier Formel 43.

$$\begin{aligned} Var[X] &= (0-1{,}13)^2 \cdot 0{,}3 + (1-1{,}13)^2 \cdot 0{,}4 + (2-1{,}13)^2 \cdot 0{,}2 \\ &\quad + (3-1{,}13)^2 \cdot 0{,}07 + (4-1{,}13)^2 \cdot 0{,}03 \\ &= 1{,}0331 \end{aligned}$$

Formel-Navigator

Verwenden Sie hier Formel 44.

$\sqrt{Var[X]} = \sqrt{1{,}0331} = 1{,}016415$
Die Standardabweichung ist eine Maßzahl für die Streuung der Verteilung.

[b] Kosten = Fixkosten plus variable Kosten (siehe z. B. Arrenberg [2])
Fixkosten = 8 GE
X = „Anzahl der Kunden pro Werktag"
Deckungsbeitrag = $3 \cdot X$
Deckungsbeitrag = Umsatz minus variable Kosten

Gewinn = Umsatz minus Kosten = Umsatz minus variable Kosten minus Fixkosten = Deckungsbeitrag minus Fixkosten
Y = „Gewinn (in GE) pro Werktag"; d. h. $Y = 3 \cdot X - 8$

x	1	2	3	4	5
y	−5	−2	1	4	7
$P(Y = y)$	0,02	0,08	0,20	0,30	0,40

Formel-Navigator

Verwenden Sie hier Formel 42.

$$E[Y] = (-5) \cdot 0{,}02 + (-2) \cdot 0{,}08 + 1 \cdot 0{,}20 + 4 \cdot 0{,}30 + 7 \cdot 0{,}40 = 3{,}94$$

Formel-Navigator

Verwenden Sie hier Formel 43.

$$\begin{aligned} Var[Y] &= (-5 - 3{,}94)^2 \cdot 0{,}02 + (-2 - 3{,}94)^2 \cdot 0{,}08 + (1 - 3{,}94)^2 \cdot 0{,}20 \\ &\quad + (4 - 3{,}94)^2 \cdot 0{,}30 + (7 - 3{,}94)^2 \cdot 0{,}40 \\ &= 9{,}8964 \end{aligned}$$

Formel-Navigator

Verwenden Sie hier Formel 44.

$\sqrt{Var[Y]} = \sqrt{9{,}8964} = 3{,}145854$
d. h. der erwartete Gewinn pro Werktag beträgt 3,94 GE und die theoretische Standardabweichung beträgt etwa 3,15 GE pro Werktag.

Lösungen zu Kapitel 6: Lineare Regression

Das sollten Sie wissen!

Der Korrelationskoeffizient r und die Steigungen b_1, b_2 der beiden Regressionsgeraden haben stets dasselbe Vorzeichen.

Tipp!

Ein einfacher Lösungsweg zur Berechnung der Korrelation lautet wie folgt:

[1] Zunächst werden die Steigungen b_1 und b_2 der beiden Regressionsgeraden berechnet. Dabei sind die beiden Zähler aus Formel 53 und Formel 56 identisch.

[2] Anschließend wird mit der Formel 60 das Bestimmtheitsmaß berechnet.

[3] Sind sowohl $b1$ als auch b_2 positiv, so ist der Korrelationskoeffizient die Wurzel aus dem Bestimmtheitsmaß. Sind hingegen sowohl b_1 als auch b_2 negativ, so muss für die Korrelation die Wurzel aus dem Bestimmtheitsmaß noch mit (-1) multipliziert werden.

Unterscheiden sich bei Ihrer Berechnung die Vorzeichen von b_1 und b_2, so haben Sie sich verrechnet.

Das sollten Sie wissen!

Die Interpretation der Steigung b_1 lautet wie folgt: Wird der x-Wert um eine Einheit erhöht, so steigt der y-Wert um b_1 Einheiten. Analog lautet die Interpretation der Steigung b_2: Wird der y-Wert um eine Einheit erhöht, so steigt der x-Wert um b_2 Einheiten.

6.1

X = Anzahl offener Stellen
Y = geleistete Überstunden

i	x_i	y_i	$x_i \cdot y_i$	x_i^2	y_i^2
1	1	37	37	1	1 369
2	0	5	0	0	25
3	2	50	100	4	2 500
4	4	168	672	16	28 224
$\sum$	7	260	809	21	32 118

[a] $a_1 + b_1 \cdot 3 = ?$

Formel-Navigator

Verwenden Sie hier Formel 53 und Formel 54.

$$b_1 = \frac{4 \cdot 809 - 7 \cdot 260}{4 \cdot 21 - 7^2} = \frac{1\,416}{35} = 40{,}46$$

$$a_1 = \frac{260 - 40{,}46 \cdot 7}{4} = -5{,}81$$

$a_1 + b_1 \cdot 3 = 115{,}57$

d. h. es ist mit etwa 116 Überstunden zu rechnen.

[b] $b_1 = 40{,}46$

d. h. für jede weitere offene Stelle sind etwa 40 Überstunden pro Woche mehr zu leisten.

[c] $r = ?$

Formel-Navigator

Verwenden Sie hier Formel 56.

$$b_2 = \frac{1\,416}{4 \cdot 32\,118 - 260^2} = \frac{1\,416}{60\,872} = 0{,}02$$

Formel-Navigator

Verwenden Sie hier Formel 60.

$$r = \sqrt{b_1 \cdot b_2} \approx 0{,}9$$

Da $3 \in [x_{\min}; x_{\max}] = [0; 4]$ liegt, ist 115,57 ein interpolierter Wert. Da die Korrelation mit $r \approx 0{,}9$ stark ist, ist somit aus statistischer Sicht auf den interpolierten Wert 115,57 Verlass.

6.2

X = Anzahl der Kunden

Y = Auslieferungszeit (in Min)

i	x_i	y_i	$x_i \cdot y_i$	x_i^2	y_i^2
1	12	250			
2	24	500			
3	39	750			
$n = 4$	38	720			
$\sum$	113	2 220	71 610	3 685	1 393 400

[a] $b_1 = \frac{4 \cdot 71\,610 - 113 \cdot 2\,220}{4 \cdot 3\,685 - 113^2} = \frac{35\,580}{1\,971} = 18{,}05175$ mit Formel 53

$a_1 = \frac{2\,220 - b_1 \cdot 113}{4} = 45{,}03805$ mit Formel 54

d. h. die Regressionsgerade lautet $f(x) = a_1 + b_1 \cdot x = 45{,}03805 + 18{,}05175x$.

[b] $b_1 = 18{,}05175$

d. h. ist ein Kunde mehr zu beliefern, so steigt die Auslieferungszeit um etwa 18 Minuten.

[c] $a_1 + b_1 \cdot 20 = 406{,}0731$

d. h. es ist mit einer Auslieferungszeit von etwa 406 Minuten zu rechnen.

[d] Der Prognosewert 406 ist ein interpolierter Wert, da $20 \in [12; 39]$ liegt.

$b_2 = \frac{35\,580}{4 \cdot 1\,393\,400 - 2\,220^2} = \frac{35\,580}{645\,200} = 0{,}05514569$ mit Formel 56

$r = \sqrt{b_1 \cdot b_2} = 0{,}9977356$ mit Formel 60

d. h. bei der Prognose handelt es sich um einen interpolierten Wert bei gleichzeitig starker Korrelation, insofern ist der Prognosewert 406 Min als zuverlässig anzusehen.

Das sollten Sie wissen!

Die Berechnung von Prognosewerten anhand einer linearen Regressionsgeraden orientiert sich daran, welcher der beiden Werte x oder y vorgegeben ist:

- Ist der x-Wert bekannt, so lautet der Prognosewert $a_1 + b_1 \cdot x$.
- Ist der y-Wert bekannt, so lautet der Prognosewert $a_2 + b_2 \cdot y$.

6.3

X = Absatzmenge
Y = Preis

y_i	x_i	$x_i \cdot y_i$	x_i^2	y_i^2
139	60			
199	30			
149	50			
169	40			
656	180	28 520	8 600	109 684

[a] $a_1 + b_1 \cdot 45 = ?$

Formel-Navigator

Verwenden Sie hier Formel 53 und Formel 54.

$b_1 = \frac{4 \cdot 28\,520 - 180 \cdot 656}{4 \cdot 8\,600 - 180^2} = \frac{-4\,000}{2\,000} = -2$

$a_1 = \dfrac{656 - (-2) \cdot 180}{4} = 254$

$254 - 2 \cdot 45 = 164$

d. h. es ist ein Preis von 164 Cent anzusetzen.

[b] [1] $a_2 + b_2 \cdot 179 = ?$

Formel-Navigator

Verwenden Sie hier Formel 56 und Formel 57.

$b_2 = \dfrac{-4\,000}{4 \cdot 109\,684 - 656^2} = -0{,}4761905$

$a_2 = \dfrac{180 - (-0{,}4761905) \cdot 656}{4} = 123{,}09524$

$123{,}09524 - 0{,}4761905 \cdot 179 = 37{,}85714 \approx 38$

d. h. es ist mit einem Absatz von 38 ME zu rechnen.

[2] $b_2 = -0{,}4761905 \approx -0{,}5$

d. h. steigt der Preis um einen Cent, so sinkt der Absatz um etwa 0,5 ME.

[c] $r = ?$

Formel-Navigator

Verwenden Sie hier Formel 60.

$r = -\sqrt{(-2) \cdot (-0{,}4761905)} = -0{,}9759$

d. h. es besteht ein starker negativer linearer Zusammenhang zwischen Preis und Absatz.

[d] [1] $45 \in [30; 60]$; d. h. 164 ist ein interpolierter Wert, auf den bei gleichzeitig starker Korrelation Verlass ist.

[2] $179 \in [139; 199]$; d. h. 38 ist ein interpolierter Wert, auf den bei gleichzeitig starker Korrelation Verlass ist.

6.4

X = Preis

Y = Absatzmenge

i	x_i	y_i	$x_i \cdot y_i$	x_i^2	y_i^2
1	2	20			
2	1,9	22			
3	2,2	16			
4	2,1	18			
5	1,8	25			
$\sum$	10	101	199,8	20,1	2 089

[a] Gesucht: $a_1 + b_1 \cdot 1{,}6 = ?$

Formel-Navigator

Verwenden Sie hier Formel 53 und Formel 54.

$$b_1 = \frac{5 \cdot 199{,}8 - 101 \cdot 10}{5 \cdot 20{,}1 - 10 \cdot 10} = -\frac{11}{0{,}5} = -22$$

$$a_1 = \frac{101 - (-22) \cdot 10}{5} = 64{,}2$$

$64{,}2 - 22 \cdot 1{,}6 = 29{,}0$

d. h. es ist mit einem Absatz von etwa 29 ME zu rechnen.

[b] Gesucht: $a_2 + b_2 \cdot 24 = ?$

Formel-Navigator

Verwenden Sie hier Formel 56 und Formel 57.

$$b_2 = \frac{-11}{5 \cdot 2\,089 - 101 \cdot 101} = -\frac{11}{244} = -0{,}045$$

$$a_2 = \frac{10 - (-0{,}045) \cdot 101}{5} = 2{,}91$$

$2{,}91 - 0{,}045 \cdot 24 = 1{,}83$

d. h. es ist ein Preis von etwa 1,83 GE anzusetzen.

[c] $r = ?$

Formel-Navigator

Verwenden Sie hier Formel 60.

$B = b_1 \cdot b_2 = (-22) \cdot (-0{,}045) = 0{,}99$

$r = -\sqrt{B} = -\sqrt{0{,}99} = -0{,}995$

d. h. es liegt eine starke negative Korrelation vor.

Auf den Prognosewert unter Teilaufgabe [a] ist wenig Verlass, da es sich wegen $1{,}6 \notin [x_{\min}; x_{\max}] = [1{,}8; 2{,}2]$ um eine Extrapolation handelt. Auf den Prognosewert unter Teilaufgabe [b] ist Verlass, da es sich wegen $24 \in [y_{\min}; y_{\max}] = [16; 25]$ um eine Interpolation handelt und da die Korrelation stark ist.

Das sollten Sie wissen!

Um für einen berechneten Prognosewert die Verlässlichkeit aus statistischer Sicht beurteilen zu können, sind folgende Kriterien entscheidend:

[1] Ist der Prognosewert ein interpolierter Wert?
Der Prognosewert $y = a_1 + b_1 \cdot x$ ist ein interpolierter Wert, falls x im Intervall

$[x_{\text{min}}; x_{\text{max}}]$ liegt, wobei x_{min} den kleinsten beobachteten Wert von X in der Stichprobe und x_{max} den größten beobachteten Wert von X in der Stichprobe angeben (wie in Aufgabe 6.1 [c]).
Bzw. der Prognosewert $x = a_2 + b_2 \cdot y$ ist ein interpolierter Wert, falls y im Intervall $[y_{\text{min}}; y_{\text{max}}]$ liegt, wobei y_{min} den kleinsten beobachteten Wert von Y in der Stichprobe und y_{max} den größten beobachteten Wert von Y in der Stichprobe angeben (wie in Aufgabe 6.4 [b]).

[2] Ist der Prognosewert ein extrapolierter Wert?
Der Prognosewert $y = a_1 + b_1 \cdot x$ ist ein extrapolierter Wert, falls x nicht im Intervall $[x_{\text{min}}; x_{\text{max}}]$ liegt, wobei x_{min} den kleinsten beobachteten Wert von X in der Stichprobe und x_{max} den größten beobachteten Wert von X in der Stichprobe angeben (wie in Aufgabe 6.4 [a]).
Bzw. der Prognosewert $x = a_2 + b_2 \cdot y$ ist ein extrapolierter Wert, falls y nicht im Intervall $[y_{\text{min}}; y_{\text{max}}]$ liegt, wobei y_{min} den kleinsten beobachteten Wert von Y in der Stichprobe und y_{max} den größten beobachteten Wert von Y in der Stichprobe angeben.

[3] Wie stark ist die Korrelation?

Nur auf interpolierte Prognosewerte bei gleichzeitig starker Korrelation ist aus statistischer Sicht Verlass. Insb. ist auf extrapolierte Prognosewerte kein Verlass, ganz gleich ob die Korrelation schwach, mittelstark oder stark ist.

Lösungen zu Kapitel 7: Indexrechnung

Das sollten Sie wissen!

Der Lösungsweg zur Berechnung eines durchschnittlichen jährlichen Wachstums (in Prozent) mit Hilfe des geometrischen Mittels (Formel 8) hängt davon ab, ob (Index-)-Werte oder Raten angegeben sind:

- Sind die beiden (Index-)Werte vom Basisjahr und vom Berichtsjahr angegeben, so wird das durchschnittliche jährliche Wachstum (in %) wie folgt berechnet:

$$\sqrt[\text{Berichtsjahr minus Basisjahr}]{\frac{\text{Wert vom Berichtsjahr}}{\text{Wert vom Basisjahr}}}$$

- Sind n jährliche (Index-)Werte angegeben, so beträgt das durchschnittliche jährliche Wachstum (in %):

$$\sqrt[n-1]{\frac{n\text{-ter Wert}}{1.\ \text{Wert}}}$$

- Sind n aufeinanderfolgende Jahresraten angegeben, so beträgt das durchschnittliche jährliche Wachstum (in %):

$$\sqrt[n]{1.\ \text{Faktor} \cdot \ldots \cdot n\text{-ter Faktor}}$$

7.1

[a] Verknüpfung der Indizes:

Jahr	Index
1999	$\frac{100}{106{,}9} \cdot 105{,}2 = 98{,}4$
2000	100,0
2001	102,0
2002	103,3
2003	104,5
2004	106,1
2005	107,6
2006	$\frac{107{,}6}{100} \cdot 101{,}4 = 109{,}1$
2007	$\frac{107{,}6}{100} \cdot 103{,}7 = 111{,}6$

[b] $P^{La} = ?$

Formel-Navigator

Verwenden Sie hier Formel 64.

$$P^{La} = \frac{111{,}6}{98{,}4} = 1{,}134146 \approx 1{,}13$$

d. h. die Preissteigerung beträgt 13 Prozent.

[c] In Abwandlung von Formel 8 ergibt sich:

$$\sqrt[2007-1999]{\frac{111{,}6}{98{,}4}} = \sqrt[8]{1{,}134146} = 1{,}015859$$

d. h. die durchschnittliche jährliche Inflationsrate beträgt 1,6 %.

[d] $\text{Kaufkraft} = \frac{1}{P^{La}} = \frac{1}{1{,}134146} = 0{,}8817204$

d. h. der Kaufkraftverlust beträgt 11,8 %.

[e] $Q = ?$

Formel-Navigator

Verwenden Sie hier Formel 61 und Formel 64.

$$W = \frac{314\,118}{307\,669} = 1{,}020961 \text{ und } P^{La} = \frac{101{,}4}{100} = 1{,}014$$

Formel-Navigator

Verwenden Sie hier Formel 66.

$$Q^{Pa} = \frac{W}{P^{La}} = \frac{1{,}020961}{1{,}014} = 1{,}006865$$

d. h. die reale Steigerung beträgt 0,7 %.

7.2

[a] $W = \sqrt[2006-2002]{\frac{2\,376{,}2}{2\,000}} = \sqrt[4]{1{,}1881} = 1{,}044$ mit Formel 61 und Formel 8

d. h. durchschnittlich ist das BIP im Zeitraum 2002 bis 2006 um 4,4 % pro Jahr nominal gewachsen.

[b] $Q^{La} = ?$

Formel-Navigator

Verwenden Sie hier Formel 62.

$$Q^{\text{La}}_{02,03} = \frac{2\,070}{2\,000} = 1{,}0350$$
$$Q^{\text{La}}_{02,04} = \frac{2\,105}{2\,000} = 1{,}0525$$
$$Q^{\text{La}}_{02,05} = \frac{2\,120}{2\,000} = 1{,}06$$
$$Q^{\text{La}}_{02,06} = \frac{2\,180}{2\,000} = 1{,}09$$

[1] Da die Preise aus dem Basisjahr 2002 stammen, handelt es sich um einen Laspeyres-Mengenindex.

[2] $\sqrt[2006-2002]{1{,}09} = \sqrt[4]{1{,}09} = 1{,}0218$ mit Formel 8

d. h. durchschnittlich ist das BIP im Zeitraum 2002 bis 2006 um 2,18 % pro Jahr real gewachsen.

[c] $P^{\text{Pa}} = ?$

Formel-Navigator

Verwenden Sie hier Formel 65.

$$P^{\text{Pa}}_{02,03} = \frac{2\,132{,}1}{2\,070} = 1{,}03$$
$$P^{\text{Pa}}_{02,04} = \frac{2\,189{,}2}{2\,105} = 1{,}04$$
$$P^{\text{Pa}}_{02,05} = \frac{2\,247{,}2}{2\,120} = 1{,}06$$
$$P^{\text{Pa}}_{02,06} = \frac{2\,376{,}2}{2\,180} = 1{,}09$$

[1] Da die Mengen aus dem Berichtsjahr stammen, handelt es sich um einen Paasche-Preisindex.

[2] $\sqrt[2006-2002]{1{,}09} = \sqrt[4]{1{,}09} = 1{,}0218$ mit Formel 8

d. h. die durchschnittliche jährliche Inflationsrate im Zeitraum 2002 bis 2006 beträgt +2,18 %.

7.3

[a] $P^{\text{La}} = \dfrac{103{,}4}{98{,}0} = 1{,}0551$ mit Formel 64

d. h. im Zeitraum von 1998 bis 2002 sind die Verbraucherpreise um 5,5 % insgesamt gestiegen.

[b] $\sqrt[2002-1998]{1{,}0551} = \sqrt[4]{1{,}0551} = 1{,}0135$ mit Formel 8

d. h. im Zeitraum von 1998 bis 2002 sind die Verbraucherpreise um durchschnittlich 1,4 % pro Jahr gestiegen.

[c] Kaufkraft $= \dfrac{1}{\text{Preisindex}} = \dfrac{1}{1{,}0551} = 0{,}9478$

d. h. im Zeitraum von 1998 bis 2002 ist die Kaufkraft um 5,2 % insgesamt gesunken.

[d] Umbasierung mit Dreisatz:

$98{,}0 \mathrel{\widehat{=}} 100$

$98{,}6 \mathrel{\widehat{=}} \dfrac{100}{98{,}0} \cdot 98{,}6 = \dfrac{98{,}6}{98{,}0} \cdot 100 = 100{,}6$

Jahr	Index
1998	$\dfrac{98{,}0}{98{,}0} \cdot 100 = 100{,}0$
1999	$\dfrac{98{,}6}{98{,}0} \cdot 100 = 100{,}6$
2000	$\dfrac{100{,}0}{98{,}0} \cdot 100 = 102{,}0$
2001	$\dfrac{102{,}0}{98{,}0} \cdot 100 = 104{,}1$
2002	$\dfrac{103{,}4}{98{,}0} \cdot 100 = 105{,}5$

7.4

[a] Preisindex von Laspeyres, berechnet gemäß Formel 64 aus den Preisverhältnissen (Preismessziffern) und den Ausgabeanteilen:

$$P^{\mathrm{La}} = \sum_i \frac{p_i^t}{p_i^0} \cdot \frac{p_i^0\, q_i^0}{\sum_j p_j^0\, q_j^0}$$

[b] Der Preisindex für die Lebenshaltung der privaten Haushalte in Deutschland ist im Zeitraum von 1995 bis 1999 um 4,9 % gestiegen.

[c] $\sqrt[1999-1995]{1{,}049} = \sqrt[4]{1{,}049} = 1{,}012$ mit Formel 8

d. h. im Zeitraum von 1995 bis 1999 beträgt die durchschnittliche jährliche Inflationsrate 1,2 %.

[d] $104{,}9 = VPI = 101{,}7 \cdot 0{,}13126 + \ldots + 104{,}5 \cdot 0{,}06095$

$100\ \% - 3{,}439\ \% = 96{,}561\ \%$

$$VPI_{\text{ohne G-Pflege}} = \frac{104{,}9 - 110{,}6 \cdot 0{,}03439}{0{,}96561} = 104{,}7$$

Im Zeitraum von 1995 bis 1999 ist in Deutschland der Preisindex ohne die Ausgaben für Gesundheitspflege um 4,7 % gestiegen.

Das sollten Sie wissen!

Faktor = 1 + Rate

Tipp!

Sind in einer Tabelle lediglich die Raten der Veränderungen gegenüber dem Vorjahr bekannt, so ist es sehr hilfreich, wenn in einer zusätzlichen Spalte in der Tabelle zunächst alle Faktoren der Veränderungen gegenüber dem Vorjahr berechnet werden (wie z. B. in Aufgabe 7.5).

7.5

Zunächst werden die Faktoren der Veränderung berechnet:

Jahr	Rate (in %)	Faktor
2004	−1,9	0,981
2005	−2,0	0,980
2006	0	1,000
2007	+1,0	1,010
2008	+0,6	1,006
2009	+0,5	1,005
2010	+2,6	1,026
2011	+5,4	1,054

[a] $W = 0{,}981 \cdot 0{,}980 \cdot \ldots \cdot 1{,}054 = 1{,}061618$

d. h. im Zeitraum 2003 bis 2011 sind die Hauspreise um nominal 6,2 % insgesamt gestiegen.

[b] $\overline{x}_G = ?$

Formel-Navigator

Verwenden Sie hier Formel 8.

$$\sqrt[2011-2003]{1{,}061618} = \sqrt[8]{1{,}061618} = 1{,}007502$$

d. h. im Zeitraum 2003 bis 2011 sind die Hauspreise um 0,8 % durchschnittlich pro Jahr nominal gestiegen.

[c] $W = 1{,}010 \cdot 1{,}006 \cdot \ldots \cdot 1{,}054 = 1{,}104265$

Formel-Navigator

Verwenden Sie hier Formel 66.

$$Q = \frac{W}{P} = \frac{1{,}104265}{1{,}095} = 1{,}008461$$

$$\sqrt[2011-2006]{1{,}008461} = \sqrt[5]{1{,}008461} = 1{,}001687 \text{ mit Formel 8}$$

d. h. im Zeitraum 2006 bis 2011 sind die Hauspreise um 0,2 % durchschnittlich pro Jahr real gestiegen.

7.6

[a] $W = 1{,}01 \cdot 0{,}953 \cdot 1{,}037 \cdot 1{,}022 = 1{,}020103$

d. h. im Zeitraum vom 01.01.2008 bis 31.12.2011 wird das Bruttoinlandsprodukt voraussichtlich nominal um 2,0 % insgesamt gestiegen sein.

[b] $\sqrt[2011-2007]{1{,}01 \cdot 0{,}953 \cdot 1{,}037 \cdot 1{,}022} = \sqrt[4]{1{,}020103} = 1{,}004988$ mit Formel 8

d. h. im Zeitraum vom 01.01.2008 bis 31.12.2011 wird das Bruttoinlandsprodukt voraussichtlich um 0,5 % durchschnittlich pro Jahr nominal gestiegen sein.

[c] $2\,404{,}4 \cdot 1{,}037 \cdot 1{,}022 = 2\,548{,}2$

d. h. das BIP wird Ende 2011 voraussichtlich 2 548,2 Mrd. Euro betragen.

[d] $2\,404{,}4 \cdot 0{,}03 = 72{,}1$

d. h. im Jahr 2009 betrug das staatliche Defizit 72,1 Mrd. Euro.

[e] $Q = ?$

Formel-Navigator

Verwenden Sie hier Formel 66.

$$Q = \frac{W}{P} = \frac{1{,}037}{1{,}011} = 1{,}0257$$

d. h. im Jahr 2010 ist das BIP um etwa 2,6 % real gestiegen.

Lösungen zu Kapitel 8: Binomialverteilung

Das sollten Sie wissen!

Eine Zufallsvariable ist genau dann binomialverteilt, wenn sie zählt, wie oft bei n Wiederholungen eines Zufallsexperiments ein bestimmtes Ereignis A eintritt. Dazu müssen die n Wiederholungen stochastisch unabhängig sein. Und bei jeder der n Wiederholungen muss die Wahrscheinlichkeit $p = P(A)$ gleich groß sein.

Tipp!

Zur Orientierung, wann eine Binomialverteilung vorliegt und wie ggf. näherungsweise Wahrscheinlichkeiten berechnet werden, soll das folgende Entscheidungsdiagramm helfen:

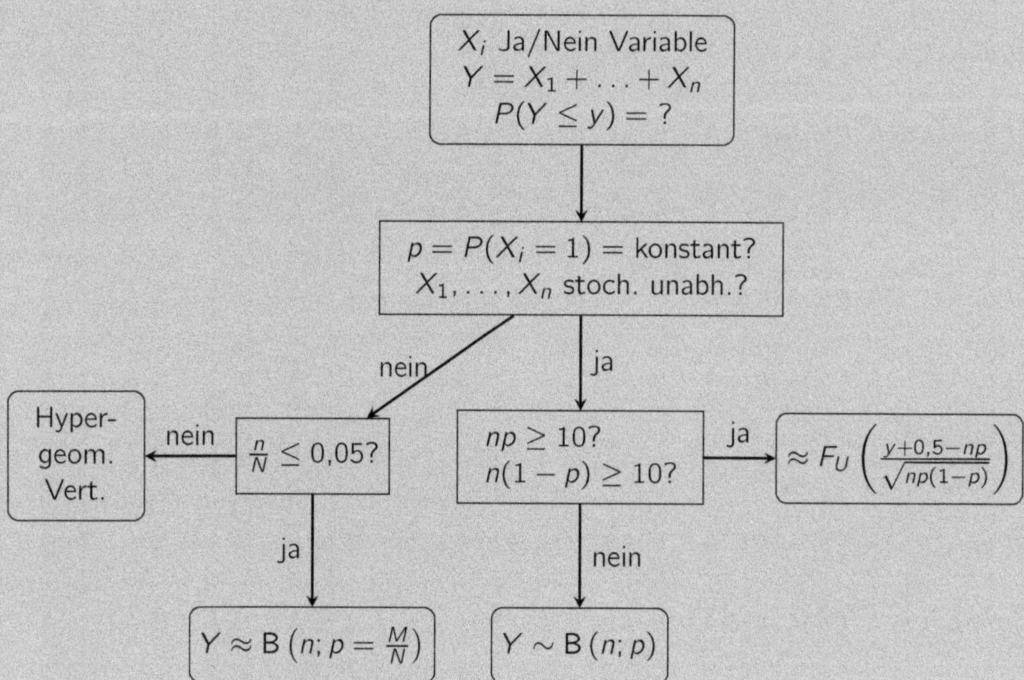

Tipp!

Für einen übersichtlichen Lösungsweg sollten Sie kurz festhalten, welches der beiden Ereignisse der Ja/Nein-Variablen Sie zählen, also z. B. X = „Anzahl der Ausschussstücke unter den n entnommenen Stücken" oder aber X = „Anzahl der Qualitätsstücke unter den n entnommenen Stücken". Dabei ist es für das Ergebnis unerheblich, welches der beiden Ereignisse A oder $\overline{A}$ Sie zählen. Sie sollten sich aber vor den Berechnungen entschieden haben.

8.1

X = Anzahl der Aufwärtsbewegungen binnen n Monaten
$X \sim \mathrm{B}(n; p = 0{,}4)$

[a] $X \sim \mathrm{B}(n = 5; p = 0{,}4)$

Formel-Navigator

Verwenden Sie hier Formel 68.

$E[X] = np = 5 \cdot 0{,}4 = 2$
d. h. in dem Zeitraum ist mit zwei Aufwärtsbewegungen zu rechnen.

[b] $X \sim \mathrm{B}(n = 6; p = 0{,}4)$

Formel-Navigator

Verwenden Sie hier Formel 67.

$$P(X = 6) = \binom{6}{6} \cdot 0{,}4^6 \cdot 0{,}6^0 = 0{,}0041$$

d. h. die Wahrscheinlichkeit für sechs Aufwärtsbewegungen in sechs Monaten beträgt 0,0041.

[c] $X \sim \mathrm{B}(n = 4; p = 0{,}4)$

$P(X = 2) = \binom{4}{2} \cdot 0{,}4^2 \cdot 0{,}6^2 = 0{,}3456$ mit Formel 67

d. h. die Wahrscheinlichkeit dafür, dass nach vier Monaten wieder der Anfangskurs erreicht wird, beträgt 0,3456.

8.2

X = Anzahl der ausgefallenen Rechner
$X \sim \mathrm{B}(n = 10; p = 0{,}03)$

[a] $P(X = 0) = 0{,}7374$ mit Formel 67
d. h. die Wahrscheinlichkeit beträgt 0,7374.

[b] $P(X = 2) = 0{,}0317$ mit Formel 67
d. h. die Wahrscheinlichkeit beträgt 0,0317.

[c] $P(X > 2) = 1 - P(X \leq 2) = 1 - P(X = 0) - P(X = 1) - P(X = 2) = 1 - 0{,}7374 - 0{,}2281 - 0{,}0317 = 0{,}0028$
d. h. die Wahrscheinlichkeit beträgt 0,0028.

[d] $360 \cdot 0{,}0028 = 1{,}008$
d. h. im Mittel fällt die Anlage etwa einmal im Jahr aus.

8.3

X = Anzahl der Ausschussstücke in der Lieferung
$X \sim \mathrm{B}(n = 20; p = 0{,}15)$

x	0	1	2	3
$P(X = x)$	0,0388	0,1368	0,2293	0,2428
$P(X \leq x)$	0,0388	0,1756	0,4049	0,6477

[a] $E[X] = n \cdot p = 20 \cdot 0{,}15 = 3$ mit Formel 68

[b] $P(X = 3) = \binom{20}{3} \cdot (0{,}15)^3 \cdot (0{,}85)^{17} = 0{,}2428$ mit Formel 67

[c] $P(X \leq 3) = 0{,}6477$ mit Formel 67

[d] $P(X = 0) = 0{,}0388$ mit Formel 67

Das sollten Sie wissen!

Ist in einer Grundgesamtheit die Anzahl N aller Elemente in dieser Grundgesamtheit bekannt und werden aus dieser Grundgesamtheit n Elemente zufällig ohne Zurücklegen herausgezogen, so ist die Zufallsvariable X = „Anzahl der Elemente mit der Eigenschaft A unter den n ausgewählten Elementen" hypergeometrisch verteilt. Beträgt jedoch der Auswahlsatz $\frac{n}{N}$ höchstens 5 %, so darf näherungsweise mit der Binomialverteilung gerechnet werden (wie z. B. in Aufgabe 8.4 [a]).

8.4

$N = 1\,000$ Kisten
$M = 112$ Kisten mit überreifen Früchten
$n = 50$ Kisten werden gekauft
Bei der Auswahl der 50 Kisten handelt es sich um ein Ziehen von 50 aus 1 000 ohne Zurücklegen.
Sei A das Ereignis, dass die Kiste überreife Früchte enthält. Dann beträgt vor der ersten Auswahl einer Kiste $P(A) = \frac{M}{N} = \frac{112}{1000}$.

Falls die erste Kiste keine überreifen Früchte enthält, so beträgt vor der zweiten Auswahl einer Kiste $P(A) = \frac{112}{999}$, anderenfalls beträgt $P(A) = \frac{111}{999}$. d. h. $P(A)$ ist vor jeder Wiederholung des Zufallsexperiments nicht gleich groß. (Die Wahrscheinlichkeit $P(A)$ wäre vor jeder Wiederholung gleich groß, wenn die gezogene Kiste wieder zurückgelegt werden würde und somit erneut gezogen werden könnte; d. h. wir also 50 aus 1 000 ziehen würden mit Zurücklegen.)
Also liegt keine exakte Binomialverteilung vor. Die Binomialverteilung kann aber dennoch gemäß der Formel 75 zur näherungsweisen Berechnung herangezogen werden, falls der Auswahlsatz $\frac{n}{N}$ höchstens 0,05 beträgt.

$X =$ Anzahl der Kisten mit überreifen Früchten

$X \approx \mathrm{B}(n = 50; p = 0{,}112)$; da der Auswahlsatz $\frac{n}{N} = 0{,}05$ beträgt.

[a] $P(X = 0) \approx \binom{50}{0} \cdot 0{,}112^0 \cdot 0{,}888^{50} = 0{,}002634197$ mit Formel 75
d. h. die Wahrscheinlichkeit ist sehr gering und beträgt näherungsweise 0,0026.

[b] $P(X \geq 1) = 1 - P(X = 0) \approx 1 - 0{,}0026 = 0{,}9974$
d. h. die Wahrscheinlichkeit ist mit dem Näherungswert 0,9974 sehr hoch. Die Großhändlerin muss also mit fast sicherer Wahrscheinlichkeit damit rechnen, mindestens eine Kiste mit überreifen Früchten zu erwerben.

[c] $E[X] = n \cdot p = 50 \cdot 0{,}112 = 5{,}6$ mit Formel 68
d. h. die Großhändlerin muss damit rechnen, im Mittel etwa 5,6 Kisten mit überreifen Früchten zu erwerben.

Das sollten Sie wissen!

Für „große" Werte von n lassen sich Wahrscheinlichkeiten einer Binomialverteilung näherungsweise mit der Formel 70 und der Formel 71 berechnen.

8.5

$X =$ Anzahl der Männer unter n erwerbstätigen Vätern mit Kindern unter drei Jahren, die Elternzeit beantragen

$X \sim \mathrm{B}(n; p = 0{,}012)$

[a] $n = 10$
$E[X] = 10 \cdot 0{,}012 = 0{,}12$ mit Formel 68
d. h. im Mittel beantragen 0,12 Väter Elternzeit.

[b] $n = 20$
$P(X \leq 1) = P(X = 0) + P(X = 1) =$
$\binom{20}{0} 0{,}012^0 \cdot 0{,}988^{20} + \binom{20}{1} 0{,}012^1 \cdot 0{,}988^{19} =$
$0{,}785 + 0{,}191 = 0{,}976$ mit Formel 67
d. h. die Wahrscheinlichkeit beträgt 0,976.

[c] $n = 900$

> **Formel-Navigator**
>
> Verwenden Sie hier Formel 70.

Faustregel: $900 \cdot 0{,}012 = 10{,}8 \geq 10$ und $900 \cdot 0{,}988 = 889{,}2 \geq 10$ erfüllt

$0{,}95 = P(X \geq x) \Leftrightarrow 0{,}05 = P(X \leq x-1) \Leftrightarrow -1{,}6449 \approx \dfrac{x - 1 + 0{,}5 - 10{,}8}{\sqrt{10{,}8 \cdot 0{,}988}}$

$x = 11{,}3 - 1{,}6449 \cdot \sqrt{10{,}6704} = 5{,}926839 \approx 6$

d. h. die mit der Wahrscheinlichkeit 0,95 zu erwartende Mindestanzahl beträgt etwa sechs Väter.

8.6

X = Anzahl der Reiserücktritten unter n Verträgen

$X \sim BV(n; p = 0{,}12)$

[a] $n = 10$

[1] $E[X] = n \cdot p = 10 \cdot 0{,}12 = 1{,}2$ mit Formel 68

d. h. pro Tag ist mit 1,2 Reisrücktritten zu rechnen.

[2] $P(X = 0) = \binom{10}{0} \cdot 0{,}12^0 \cdot 0{,}88^{10} = 0{,}2785$ mit Formel 67

d. h. die Wahrscheinlichkeit beträgt etwa 28 %.

[3] $P(X > 2) = 1 - P(X \leq 2) = 1 - P(X = 0) - P(X = 1) - P(X = 2)$

$P(X = 2) = \binom{10}{2} \cdot 0{,}12^2 \cdot 0{,}88^8 = 0{,}2330$ mit Formel 67

$P(X = 1) = \binom{10}{1} \cdot 0{,}12 \cdot 0{,}88^9 = 0{,}3798$ mit Formel 67

$P(X > 2) = 1 - 0{,}2785 - 0{,}3798 - 0{,}2330 = 0{,}1087$

d. h. die Wahrscheinlichkeit beträgt etwa 11 %.

[b] $n = 320$

[1] $E[X] = n \cdot p = 320 \cdot 0{,}12 = 38{,}4$ mit Formel 68

d. h. pro Jahr ist mit 38,4 Reiserücktritten zu rechnen.

[2] $Var[X] = np(1-p) = 38{,}4 \cdot 0{,}88 = 33{,}792$ mit Formel 69

$\sqrt{33{,}792} = 5{,}81$

d. h. die Standardabweichung beträgt 5,81.

[3] Faustregel: $n \cdot p = 38{,}4 \geq 10$ und $n \cdot (1-p) = 281{,}6 \geq 10$ ist erfüllt

> **Formel-Navigator**
>
> Verwenden Sie hier Formel 70 und die Tabelle auf der Seite 192.

Lösungen

$$0{,}90 = P(X > x)$$
$$\Leftrightarrow 0{,}10 = P(X \leq x) = F_U\left(\frac{x + 0{,}5 - 38{,}4}{5{,}81}\right)$$
$$\Leftrightarrow -1{,}2816 = \frac{x - 37{,}9}{5{,}81} \Leftrightarrow x = 37{,}9 - 1{,}2816 \cdot 5{,}81 = 30{,}454 \approx 30$$

d. h. mit der Wahrscheinlichkeit von etwa 90 % muss mit über 30 Rücktritten pro Jahr gerechnet werden.

8.7

X = Anzahl der falschen Steuererklärungen unter n geprüften
$X \sim \text{BV}(n; p = 0{,}2)$

[a] $n = 500$
$E[X] = n \cdot p = 500 \cdot 0{,}2 = 100$ mit Formel 68
$100 \cdot 2 = 200$
d. h. es ist mit Zusatzkosten in Höhe von 200 Euro zu rechnen.

[b] $n = 20$
$P(X = 4) = \binom{20}{4} \cdot 0{,}2^4 \cdot 0{,}8^{16} = 0{,}2181994$ mit Formel 67
d. h. die Wahrscheinlichkeit beträgt 22 %.

[c] $n = 10\,000$
$E[X] = n \cdot p = 2\,000$ mit Formel 68
$Var[X] = np(1 - p) = 1\,600$ mit Formel 69
Faustregel: $n \cdot p = 2\,000 \geq 10$ und $n \cdot (1 - p) = 8\,000 \geq 10$ ist erfüllt

Formel-Navigator

Verwenden Sie hier Formel 70 und die Tabelle auf der Seite 193.

$$0{,}95 = P(X \leq x) = F_U\left(\frac{x + 0{,}5 - 2\,000}{40}\right) \Leftrightarrow 1{,}6449 = \frac{x + 0{,}5 - 2\,000}{40}$$

$\Leftrightarrow x = 2\,065{,}296$
$2\,065{,}296 \cdot 2 \text{ GE} = 4\,130{,}592 \text{ GE}$
d. h. mit der Wahrscheinlichkeit von 95 % liegen die Zusatzkosten nicht über 4 130,59 Euro.

Tipp!

Ist die Faustregel aus der Formel 71 erfüllt, so spart es Zeit, die Wahrscheinlichkeit $P(X = x)$ dennoch über die Formel 67 (statt über die Formel 71) zu berechnen, vorausgesetzt Ihr Taschenrechner liefert ein Ergebnis für den Binomialkoeffizienten $\binom{n}{x}$.

Das sollten Sie wissen!

Ist für eine binomialverteilte Zufallsvariable X ein oberer Prozentpunkt gesucht, z. B. $0{,}05 = P(X \geq x)$, so muss für die näherungsweise Berechnung mit der Formel 70 das Gegenereignis $0{,}95 = P(X < x) = P(X \leq x - 1)$ betrachtet werden.

8.8

[a] X = Anzahl der verspäteten Flüge von sieben Flügen
$X \sim \mathrm{BV}(n = 7; p = 0{,}12)$

[1] $P(X = 0) = \binom{7}{0} \cdot 0{,}12^0 \cdot 0{,}88^7 = 0{,}4087$ mit Formel 67
d. h. die Wahrscheinlichkeit beträgt etwa 41 %.

[2] $P(X > 3) = 1 - P(X \leq 3)$
$P(X = 1) = \binom{7}{1} \cdot 0{,}12^1 \cdot 0{,}88^6 = 0{,}3901$ mit Formel 67

$P(X = 2) = \binom{7}{2} \cdot 0{,}12^2 \cdot 0{,}88^5 = 0{,}1596$ mit Formel 67

$P(X = 3) = \binom{7}{3} \cdot 0{,}12^3 \cdot 0{,}88^4 = 0{,}0363$ mit Formel 67

$P(X > 3) = 1 - 0{,}4087 - 0{,}3901 - 0{,}1596 - 0{,}0363 = 0{,}0054$
d. h. die Wahrscheinlichkeit beträgt etwa 0,5 %.

[3] $P(X = 2) = 0{,}1596$ mit Formel 67
d. h. die Wahrscheinlichkeit beträgt etwa 16 %.

[b] X = Anzahl der verspäteten Flüge von 150 Flügen
$X \sim \mathrm{BV}(n = 150; p = 0{,}12)$

[1]
- $P(X = 18) = ?$

  1. Lösungsweg: (mit Formel 67)

  $P(X = 18) = \binom{150}{18} \cdot 0{,}12^{18} \cdot 0{,}88^{132} = 0{,}0998$
  d. h. die Wahrscheinlichkeit beträgt etwa 10 %.

  2. Lösungsweg: (über ZGWS mit Formel 71)
  Faustregel $np = 18 \geq 10$ okay und $n(1 - p) = 132 \geq 10$ okay

  $P(X = 18) \approx F_U\left(\frac{18{,}5 - 18}{3{,}98}\right) - F_U\left(\frac{17{,}5 - 18}{3{,}98}\right) =$

  $F_U(0{,}1256) - F_U(-0{,}1256) = 0{,}550 - 0{,}450 = 0{,}100$

  d. h. die Wahrscheinlichkeit beträgt etwa 10 %.
- $P(X \leq 18) = ?$

  $P(X \leq 18) \approx F_U\left(\frac{18{,}5 - 18}{3{,}98}\right) = 0{,}550$ mit Formel 70
  d. h. die Wahrscheinlichkeit beträgt etwa 55 %.

[2] $x = ?$ mit $0{,}90 = P(X \geq x)$

1. Lösungsweg: (mit Formel 70)

$0{,}90 = P(X \geq x) \Leftrightarrow 0{,}10 = P(X < x) = P(X \leq x-1)$

$0{,}10 = P(X \leq x-1) = F_U\left(\dfrac{x-1+0{,}5-18}{3{,}98}\right)$

$\Leftrightarrow -1{,}2816 = \dfrac{x-1+0{,}5-18}{3{,}98} \Leftrightarrow x = 18{,}5 - 1{,}2816 \cdot 3{,}98 = 13{,}40 \approx 13$

d. h. mit einer Wahrscheinlichkeit von 90 % ist mindestens mit etwa 13 verspäteten Flügen zu rechnen.

2. Lösungsweg: (mit Formel 70)

$0{,}10 = P(X \leq x) = F_U\left(\dfrac{x+0{,}5-18}{3{,}98}\right)$

$\Leftrightarrow -1{,}2816 = \dfrac{x+0{,}5-18}{3{,}98} \Leftrightarrow x = 17{,}5 - 1{,}2816 \cdot 3{,}98 = 12{,}40 \approx 12$

d. h. $0{,}10 \approx P(X \leq 12) \Leftrightarrow 0{,}90 \approx P(X > 12) = P(X \geq 13)$

d. h. mit einer Wahrscheinlichkeit von 90 % ist mindestens mit etwa 13 verspäteten Flügen zu rechnen.

8.9

Y = Anzahl der Kunden, die eine Bestellung aufgeben

$Y \sim \mathrm{B}(n; p = 0{,}61)$

[a] $n = 10$

$P(Y > 6) = P(Y = 7) + P(Y = 8) + P(Y = 9) + P(Y = 10)$

$P(Y = 7) = \binom{10}{7} \cdot 0{,}61^7 \cdot 0{,}39^3 = 0{,}2237$ mit Formel 67

$P(Y = 8) = \binom{10}{8} \cdot 0{,}61^8 \cdot 0{,}39^2 = 0{,}1312$ mit Formel 67

$P(Y = 9) = \binom{10}{9} \cdot 0{,}61^9 \cdot 0{,}39^1 = 0{,}0456$ mit Formel 67

$P(Y = 10) = \binom{10}{10} \cdot 0{,}61^{10} \cdot 0{,}39^0 = 0{,}0071$ mit Formel 67

$P(Y > 6) = 0{,}4077$

d. h. die Wahrscheinlichkeit beträgt etwa 41 %.

[b] $n = 100$

$E[Y] = np = 100 \cdot 0{,}61 = 61$ mit Formel 68

$Var[Y] = np(1-p) = 61 \cdot 0{,}39 = 23{,}79$ mit Formel 69

$\sqrt{23{,}79} = 4{,}88$

Faustregel für ZGWS (Formel 70):

$np = 61 \geq 10$ ok. und $n(1-p) = 100 \cdot 0{,}39 = 39 \geq 10$ ok.

$$P(Y > 60) = 1 - P(Y \leq 60) \approx 1 - F_U\left(\frac{60 + 0{,}5 - 61}{4{,}88}\right) = 1 - 0{,}459 = 0{,}541$$

d. h. die Wahrscheinlichkeit beträgt annähernd 54 %.

[c] $n = 1\,000$

$E[Y] = np = 1\,000 \cdot 0{,}61 = 610$ mit Formel 68

$Var[Y] = np(1-p) = 610 \cdot 0{,}39 = 237{,}9$ mit Formel 69

$\sqrt{237{,}9} = 15{,}42$

Faustregel für ZGWS (Formel 70):
$np = 610 \geq 10$ ok. und $n(1-p) = 1\,000 \cdot 0{,}39 = 390 \geq 10$ ok.

$$P(Y > 600) = 1 - P(Y \leq 600) \approx 1 - F_U\left(\frac{600 + 0{,}5 - 610}{15{,}42}\right) = 1 - 0{,}269 = 0{,}731$$

d. h. die Wahrscheinlichkeit beträgt annähernd 73 %.

[d] Das ist das Schwache Gesetz der Großen Zahlen.

n	y	$P(Y > y)$
10	$6 = n \cdot p - 0{,}01 \cdot n$	0,4077
100	$60 = n \cdot p - 0{,}01 \cdot n$	0,541
1 000	$600 = n \cdot p - 0{,}01 \cdot n$	0,731

$$Y = \sum_{i=1}^{n} X_i \text{ mit } X_i = \text{Ja/Nein-Variablen}$$

$$P(Y > np - 0{,}01n) = P\left(\sum_{i=1}^{n} X_i > np - 0{,}01n\right) = P\left(\overline{X} - p > -0{,}01\right)$$

Gemäß dem Schwachen Gesetz der Großen Zahlen strebt diese Wahrscheinlichkeit für wachsendes n gegen 1, da sich $\overline{X}$ und p dann kaum noch unterscheiden.

8.10

X = Anzahl der Sendungen, bei denen von der Kodiermaschine Empfänger und Absender vertauscht werden
$X \sim \text{B}(n; p = 0{,}02)$

[a] $X \sim \text{B}(n = 10; p = 0{,}02)$

$P(X \leq 2) = P(X = 0) + P(X = 1) + P(X = 2) = \binom{10}{0} \cdot 0{,}02^0 \cdot 0{,}98^{10} + \binom{10}{1} \cdot 0{,}02^1 \cdot 0{,}98^9 + \binom{10}{2} \cdot 0{,}02^2 \cdot 0{,}98^8 = 0{,}8171 + 0{,}1667 + 0{,}0153 = 0{,}9991$ mit Formel 67

d. h. die Wahrscheinlichkeit beträgt 0,9991.

[b] $X \sim \text{B}(n = 1\,200; p = 0{,}02)$

$E[X] = np = 1\,200 \cdot 0{,}02 = 24$ mit Formel 68

$Var[X] = np(1-p) = 24 \cdot 0{,}98 = 23{,}52$ mit Formel 69

$X \approx_{ZGWS} N$; da Faustregel $np \geq 10$ und $np(1-p) \geq 10$ erfüllt ist (Formel 70)

$$P(X \leq 14) \approx F_U\left(\frac{14+0{,}5-24}{\sqrt{23{,}52}}\right) = F_U(-1{,}9589) = 0{,}025$$

d. h. die Wahrscheinlichkeit beträgt annähernd 0,025.

Lösungen zu Kapitel 9: Normalverteilung

Das sollten Sie wissen!

In den Grundlagen der Statistik gibt es genau drei Fälle, in denen Wahrscheinlichkeiten gemäß einer Normalverteilung bestimmt werden:

- Die Normalverteilung wurde in der Aufgabe vorgegeben oder
- für eine Binomialverteilung wird näherungsweise mit einer Normalverteilung gerechnet (wie z. B. in Aufgabe 8.5 [c]) oder
- für eine beliebige Verteilung wird näherungsweise mit einer Normalverteilung gerechnet (wie z. B. in Aufgabe 9.5).

Tipp!

Zur Orientierung bei der Anwendung des Zentralen Grenzwertsatzes soll das folgende Entscheidungsdiagramm helfen:

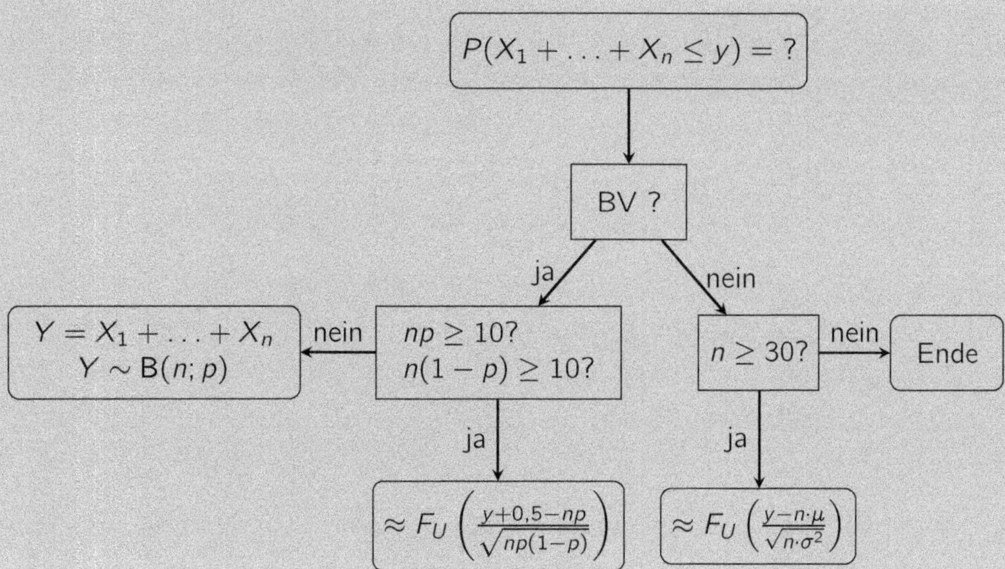

Das sollten Sie wissen!

Die Normalverteilungs-Wahrscheinlichkeit $P(X = x)$ beträgt null.

Das sollten Sie wissen!

Da nur die Standard-Normalverteilung $N(\mu = 0; \sigma = 1)$ tabelliert ist, muss für Berechnungen mit anderen Erwartungswerten μ und Varianzen σ^2 zunächst die Zufallsvariable gemäß Formel 80 standardisiert werden: $P(X \leq x) = F_U\left(\frac{x-\mu}{\sigma}\right)$.

Ferner sind in den Tabellen auf den Seiten 192 und 193 nur Normalverteilungs-Wahrscheinlichkeiten für Ereignisse der Form $\{X \leq x\}$ tabelliert. Deshalb müssen vor dem Nachschlagen in diesen Tabellen alle übrigen Ereignisse auf die Form $\{X \leq x\}$ gebracht werden.

Das sollten Sie wissen!

Die zentralen Schwankungsintervalle haben folgende Überdeckungswahrscheinlichkeiten:

- Das einfache zentrale Schwankungsintervall $[\mu - \sigma; \mu + \sigma]$ hat die Überdeckungswahrscheinlichkeit 68 %.
- Das zweifache zentrale Schwankungsintervall $[\mu - 2\sigma; \mu + 2\sigma]$ hat die Überdeckungswahrscheinlichkeit 95 %.
- Das dreifache zentrale Schwankungsintervall $[\mu - 3\sigma; \mu + 3\sigma]$ hat die Überdeckungswahrscheinlichkeit 99 %.

9.1

X = Wartezeit (in Min) zwischen zwei Anschlussflügen

$X \sim N(\mu = 120; \sigma = 60)$

[a] [1] $P(X \leq 55) = ?$

Formel-Navigator

Verwenden Sie hier Formel 80 und die Tabelle auf der Seite 192.

$$P(X \leq 55) = F_U\left(\frac{55 - 120}{60}\right) = F_U(-1{,}0833) = 0{,}139$$

d. h. die Wahrscheinlichkeit beträgt 0,139.

[2] $P(X = 55) = 0$

d. h. die Wahrscheinlichkeit beträgt null.

[3] $P(X > 90) = 1 - F_U\left(\frac{90 - 120}{60}\right) = 1 - F_U(-0{,}5) = 1 - 0{,}309 = 0{,}691$

d. h. die Wahrscheinlichkeit beträgt 0,691.

[b] $x = ?$ mit $0{,}95 = P(X \geq x)$

Formel-Navigator

Verwenden Sie hier Formel 80 und die Tabelle auf der Seite 192.

$0{,}95 = P(X \geq x) \Leftrightarrow 0{,}05 = P(X < x) = P(X \leq x) \Leftrightarrow -1{,}6449 = \dfrac{x - 120}{60} \Leftrightarrow x = 120 - 1{,}6449 \cdot 60 = 21{,}306$

d. h. mit einer Wahrscheinlichkeit von 95 % muss mit einer Umsteigezeit von mindestens etwa 21 Minuten gerechnet werden.

Das sollten Sie wissen!

Interessiert unter Vorliegen einer Normalverteilung $N(\mu;\sigma)$ nur, ob bei n stochastisch unabhängigen Wiederholungen ein bestimmtes Ereignis A (z. B. $A = \{X \leq x\}$) eintritt oder nicht, so ist die Anzahl der Eintritte von A bei diesen n Wiederholungen binomialverteilt mit n und $p = P(X \leq x) = F_U\left(\frac{x-\mu}{\sigma}\right)$ (wie z. B. in Aufgabe 9.2 [c]).

9.2

X = Auslieferungszeit (in Stunden) eines Paketboten

$X \sim N(\mu = 8; \sigma = 2)$

[a] [1] $P(X \leq 7) = F_U\left(\dfrac{7-8}{2}\right) = F_U(-0{,}5) = 0{,}309$

d. h. die Wahrscheinlichkeit beträgt 30,9 %.

[2] $P(X = 8) = 0$; d. h. die Wahrscheinlichkeit beträgt 0 %.

[3] $P(X > 8) = P(X > \mu) = 0{,}5$; d. h. die Wahrscheinlichkeit beträgt 50 %.

[4] *1. Lösungsweg:*

68 % ist die Überdeckungswahrscheinlichkeit des einfachen zentralen Schwankungsintervalls $[\mu - \sigma; \mu + \sigma] = [6; 10]$; d. h. die Wahrscheinlichkeit beträgt 68 %.

2. Lösungsweg:

$P(X \leq 10) - P(X \leq 6) = F_U\left(\dfrac{10-8}{2}\right) - F_U\left(\dfrac{6-8}{2}\right) = F_U(1) - F_U(-1) = 0{,}841 - 0{,}159 = 0{,}682 \approx 0{,}68$

[b] $0{,}05 = P(X \leq x) \Leftrightarrow -1{,}6449 = \dfrac{x-8}{2} \Leftrightarrow x = 8 - 1{,}6449 \cdot 2 = 4{,}7102$

d. h. die gesuchte Auslieferungszeit beträgt etwa 4,7 Stunden.

[c] [1] *1. Lösungsweg:*

Formel-Navigator

Verwenden Sie hier Formel 32.

$P((X_1 \leq 7) \cup (X_2 \leq 7)) = P(X_1 \leq 7) + P(X_2 \leq 7) - P((X_1 \leq 7) \cap (X_2 \leq 7)) = 0{,}309 + 0{,}309 - 0{,}309 \cdot 0{,}309 = 0{,}523$

d. h. die Wahrscheinlichkeit beträgt 52,3 %.

2. Lösungsweg:

Formel-Navigator

Verwenden Sie hier Formel 67.

Y = Anzahl der Tage, in denen die Auslieferungszeit höchstens sieben Stunden beträgt.

$Y \sim \text{B}(n = 2; p = 0{,}309)$

$P(Y \geq 1) = 1 - P(Y < 1) = 1 - P(Y = 0) = 1 - \binom{2}{0} \cdot 0{,}309^0 \cdot 0{,}691^2 = 1 - 0{,}477 = 0{,}523$

[2] Y = Anzahl der Tage, in denen die Auslieferungszeit höchstens sieben Stunden beträgt.

$Y \sim \text{B}(n = 6; p = 0{,}309)$

$P(Y = 1) = \binom{6}{1} \cdot 0{,}309 \cdot 0{,}691^5 = 0{,}2920788 \approx 0{,}292$ mit Formel 67

d. h. die Wahrscheinlichkeit beträgt 29,2 %.

9.3

[a] X = Funktionsdauer der Taschenlampe vom Typ X

$X \sim \text{N}(\mu = 240; \sigma = 20)$

[1] $P(X > 250) = 1 - F_U\left(\frac{250 - 240}{20}\right) = 1 - F_U(0{,}5) = 0{,}309$

d. h. die Wahrscheinlichkeit beträgt 0,309.

[2] $0{,}975 = P(X \leq x) = F_U\left(\frac{x - 240}{20}\right)$

$1{,}96 = \frac{x - 240}{20} \Leftrightarrow x = 240 + 1{,}96 \cdot 20 = 279{,}2$

d. h. die Funktionsdauer beträgt etwa 279 Stunden.

[3] $240 \pm 2 \cdot 20 = [200; 280]$

d. h. das zweifache zentrale Schwankungsintervall beträgt [200 ; 280].

[4] $0{,}95 = P(X \leq 240 + c \cdot 20) = F_U\left(\frac{240 + c \cdot 20 - 240}{20}\right) = F_U(c)$

$1{,}6449 = c$

$240 \pm 1{,}6449 \cdot 20 = [207{,}1 \,; 272{,}9]$

d. h. das gesuchte Intervall beträgt etwa [207 ; 273].

[b] Y = Funktionsdauer der Taschenlampe vom Typ Y

$Y \sim \text{N}(\mu = 200; \sigma)$

Wir wissen schon, dass NV vorliegt und dass der Erwartungswert $\mu = 200$ beträgt. Um mit der NV rechnen zu können, fehlt noch die Angabe der Standardabweichung σ.

[1] Gesucht $\sigma = ?$

$0{,}025 = P(Y \leq 180{,}4) = F_U\left(\frac{180{,}4 - 200}{\sigma}\right) = F_U\left(\frac{-19{,}6}{\sigma}\right)$

$-1{,}96 = \frac{-19{,}6}{\sigma} \Leftrightarrow \sigma = 10$

d. h. es liegt eine Normalverteilung mit dem Erwartungswert 200 und der Standardabweichung 10 vor.

9.4

X = Anzahl Pkw an einem Wochenende auf der Kreuzung

$X \sim \mathrm{N}(\mu = 10\,000; \sigma = 2\,000)$

[a] $P(X < 11\,000) = P(X \leq 11\,000) = F_U\left(\frac{11\,000 - 10\,000}{2\,000}\right) = F_U(0{,}5) = 0{,}691$

d. h. die Wahrscheinlichkeit beträgt 0,691.

[b] Y = Anzahl der Wochenenden mit $X < 11\,000$

$Y \sim \mathrm{B}(n; p = 0{,}691)$

[1] $n = 2$

$P(Y = 1) = \binom{2}{1} \cdot 0{,}691 \cdot 0{,}309 = 0{,}427$ mit Formel 67

d. h. die Wahrscheinlichkeit beträgt 0,427.

[2] $n = 6$

$P(Y = 2) = \binom{6}{2} \cdot 0{,}691^2 \cdot 0{,}309^4 = 0{,}065$ mit Formel 67

d. h. die Wahrscheinlichkeit beträgt 0,065.

Das sollten Sie wissen!

Der Zentrale Grenzwertsatz ist verfasst für Ereignisse der Form $\{X \leq x\}$. Bevor eine der beiden Formeln (Formel 81 und Formel 82) benutzt werden darf, muss deshalb das vorliegende Ereignis ggf. umgeformt werden wie z. B. in Aufgabe 9.5 [b] und [c].

9.5

X = Gewinn (in GE pro Ticket)

x	2	5	10
$P(X = x)$	0,2	0,5	0,3

[a] [1] $E[X] = 2 \cdot 0{,}2 + 5 \cdot 0{,}5 + 10 \cdot 0{,}3 = 5{,}9$ mit Formel 42

d. h. der erwartete Gewinn pro Ticket beträgt 5,9 GE.

[2] $Var[X] = (2 - 5{,}9)^2 \cdot 0{,}2 + (5 - 5{,}9)^2 \cdot 0{,}5 + (10 - 5{,}9)^2 \cdot 0{,}3 = 8{,}49$ mit Formel 43

d. h. die theoretische Varianz beträgt 8,49.

[b] Faustregel für ZGWS: $n = 400 \geq 30$ ist erfüllt

Formel-Navigator

Verwenden Sie hier Formel 81.

$P(X_1 + X_2 + \ldots + X_{400} > 2\,400) = 1 - P(X_1 + X_2 + \ldots + X_{400} \leq 2\,400) \approx 1 - F_U\left(\frac{2\,400 - 400 \cdot 5{,}9}{\sqrt{400 \cdot 8{,}49}}\right) = 1 - F_U(0{,}6864) = 1 - 0{,}754 = 0{,}246$

d. h. die Wahrscheinlichkeit beträgt näherungsweise 25 %.

[c] Faustregel für ZGWS: $n = 400 \geq 30$ ist erfüllt

Formel-Navigator

Verwenden Sie hier Formel 81.

$$0{,}05 = P(X_1 + X_2 + \ldots + X_{400} \leq x) \approx F_U\left(\frac{x - 400 \cdot 5{,}9}{\sqrt{400 \cdot 8{,}49}}\right)$$

$$\Leftrightarrow -1{,}6449 = \frac{x - 400 \cdot 5{,}9}{\sqrt{400 \cdot 8{,}49}} \Leftrightarrow x = 400 \cdot 5{,}9 - 1{,}6449 \cdot \sqrt{400 \cdot 8{,}49} = 2\,264{,}143$$

d. h. mit einer Wahrscheinlichkeit von 95 % liegt der Gewinn über etwa 2 264 GE.

9.6

Kundenstamm

Kategorie	A-Kunde	B-Kunde	C-Kunde
D-Umsatz	100 €	50 €	10 €
Anteil	22 %	58 %	20 %

[a] X = Einnahmen (in € pro Monat) je Neukunde

$E[X] = 100 \cdot 0{,}22 + 50 \cdot 0{,}58 + 10 \cdot 0{,}20 = 53$ mit Formel 42

d. h. pro Neukunde ist mit 53 € an Einnahmen zu rechnen.

$53 \cdot 10\,000 = 530\,000$ €; d. h. es ist mit Mehreinnahmen in Höhe von 530 000 € zu rechnen.

[b] $Var[X] = (100 - 53)^2 \cdot 0{,}22 + (50 - 53)^2 \cdot 0{,}58 + (10 - 53)^2 \cdot 0{,}20 = 861$ mit Formel 43

$n = 10\,000 \geq 30$ d. h. Faustregel für ZGWS erfüllt.

Formel-Navigator

Verwenden Sie hier Formel 81.

$$P\left(X_1 + \ldots + X_{10\,000} > 527\,000\right) \approx 1 - F_U\left(\frac{527\,000 - 10\,000 \cdot 53}{\sqrt{10\,000 \cdot 861}}\right) =$$

$$1 - F_U(-1{,}0224) = 1 - 0{,}153 = 0{,}847$$

d. h. die Wahrscheinlichkeit beträgt näherungsweise 85 %.

[c] Für die Berechnung des Value at Risk (unterer 5 %-Punkt) verwenden wir ebenfalls die Formel 81:

$$0{,}05 = P\left(X_1 + \ldots + X_{10\,000} \leq x\right) \approx F_U\left(\frac{x - 10\,000 \cdot 53}{\sqrt{10\,000 \cdot 861}}\right)$$

$$-1{,}6449 = \frac{x - 10\,000 \cdot 53}{\sqrt{10\,000 \cdot 861}} \Leftrightarrow x = 530\,000 - 1{,}6449 \cdot \sqrt{8\,610\,000} = 525\,173{,}4$$

d. h. mit einer Wahrscheinlichkeit von 5 % betragen die Mehreinnahmen der 10 000 Neukunden höchstens etwa 525 173 €.

Lösungen zu Kapitel 10: Konfidenzintervalle

Tipp!

Wir können für genau zwei Parameter ein Konfidenzintervall berechnen: Für μ und für p.

- Für die Berechnung eines Konfidenzintervalls für μ müssen als Stichprobe n reelle Zahlen vorliegen.
- Für die Berechnung eines Konfidenzintervalls für p können als Stichprobe n reelle Zahlen vorliegen. Jedoch müssen die Stichprobenwerte $x_1, \ldots, x_n$ auch so erhoben werden können, dass für jedes x_i entschieden werden kann, ob damit ein bestimmtes Ereignis A eingetreten ist oder nicht: Also $x_i = 1$ oder $x_i = 0$.

Tipp!

Zur Orientierung, welches Konfidenzintervall für μ berechnet wird, soll das folgende Entscheidungsdiagramm helfen:

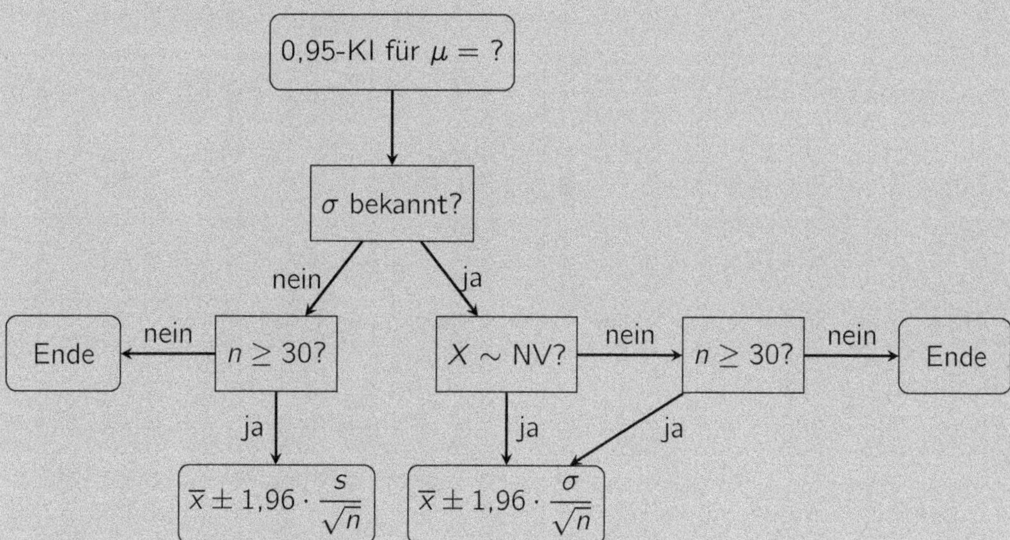

Das sollten Sie wissen!

Mit folgenden Formeln aus der Formelsammlung (am Ende des Buches ab Seite 177) werden Konfidenzintervalle berechnet:

- Formel 83 Konfidenzintervall für μ bei vorliegender Normalverteilung mit bekannter Varianz
- Formel 85 approximatives Konfidenzintervall für μ, falls n mindestens 30 beträgt
- Formel 87 approximatives Konfidenzintervall für p, falls n mindestens 10 beträgt
- Formel 88 approximatives Konfidenzintervall für p, falls n mindestens 100 beträgt

Die dabei erhaltenen Intervallgrenzen sollten immer gerundet werden, da jedes Konfidenzintervall nur ein geschätztes Intervall ist. Beim Runden gilt als Faustregel: Intervallgrenzen genauso runden, wie die Eingangsdaten Nachkommastellen haben.

10.1

X = Ausgaben (in GE) für eine Urlaubsreise

[a] $\overline{x} = \frac{78\,900}{100} = 789$ mit Formel 5

$s_x^2 = \frac{9\,137\,900}{100} = 91\,379$ mit Formel 12

$s_x = \sqrt{91\,379} = 302{,}2896$ mit Formel 18

Formel-Navigator

Verwenden Sie hier Formel 85.

Faustregel $n \geq 30$ erfüllt

$$\overline{x} \pm 1{,}96 \cdot \frac{s}{\sqrt{n}} = 789 \pm 1{,}96 \cdot \frac{302{,}2896}{10} = 789 \pm 59{,}2488 = [729{,}7512; 848{,}2488]$$

[b] Das Intervall [730; 848] ist ein geschätztes Intervall für den Bereich, in dem die mittlere Ausgabenhöhe mit einer Wahrscheinlichkeit von 0,95 liegt.

10.2

X = Zeitaufwand (in h) eines Studierenden für Nebenbeschäftigungen

[a] Gesucht $n = ?$

Formel-Navigator

Verwenden Sie hier Formel 86.

$$n \geq \frac{1{,}96^2 \cdot 1{,}2^2}{0{,}2^2} = 138{,}2976$$

d. h. es sind mindestens 139 Studierende zu befragen.

[b] 0,95-KI für $E[X] = ?$

> **Formel-Navigator**
>
> Verwenden Sie hier Formel 85.

Faustregel $n \geq 30$ ok
0,95-KI für $E[X]$:

$$[12{,}5 \pm 1{,}96 \cdot \frac{2}{\sqrt{150}}] = [12{,}5 \pm 0{,}32] = [12{,}18\,;\ 12{,}82] \approx [12{,}2\,;\ 12{,}8]$$

[c] Bei der Berechnung des Mindeststichprobenumfangs unter Teilaufgabe [a] wurde die Standardabweichung aus einer früheren Stichprobe verwendet. Sobald dieser alte Wert nicht mehr zutrifft, ist auch der berechnete Mindeststichprobenumfang hinfällig.

10.3

[a] Das 0,95-Konfidenzintervall ist schmaler als das 0,99-Konfidenzintervall. Die Breiten betragen wie folgt:

$1-\alpha$	Breite
0,95	$2 \cdot 1{,}96 \cdot \frac{s_X}{\sqrt{n}}$
0,99	$2 \cdot 2{,}5758 \cdot \frac{s_X}{\sqrt{n}}$

Die Zahl 2,5758 ist größer als die Zahl 1,96. Somit ist das 0,99-Konfidenzintervall breiter.
Oder: Ist das Konfidenzniveau $1-\alpha$ größer, so liegt μ mit einer größeren Wahrscheinlichkeit in dem Intervall. Deshalb muss auch das Konfidenzintervall breiter sein.

[b] X = Einkommen (in Euro) einer Ärztin/eines Arztes
0,95-Konfidenzintervall für μ mit Formel 85:

$$\left[\overline{x} - 1{,}96 \cdot \frac{s}{\sqrt{n}}; \overline{x} + 1{,}96 \cdot \frac{s}{\sqrt{n}}\right]$$

$$= \left[80\,000 - 1{,}96 \cdot \frac{7\,500}{\sqrt{100}}; 80\,000 + 1{,}96 \cdot \frac{7\,500}{\sqrt{100}}\right]$$

$$= [80\,000 - 1\,470; 80\,000 + 1\,470]$$

$$= [78\,530; 81\,470]$$

d. h. $[78\,530; 81\,470]$ ist ein geschätztes Intervall für den Bereich, in dem das mittlere Einkommen einer Ärztin bzw. eines Arztes mit einer Wahrscheinlichkeit von 0,95 liegt.

[c] Die Breite des 0,95-Konfidenzintervalls beträgt $2 \cdot 1{,}96 \cdot \frac{s_X}{\sqrt{n}}$. Da im Nenner $\sqrt{n}$ steht, wird die Breite kleiner, je größer n ist. Also ist der Stichprobenumfang zu vergrößern, um ein schmaleres 0,95-Konfidenzintervall zu erhalten.

10.4
X = Wartezeit (in Sekunden)
$X \sim \mathrm{N}(\mu; \sigma)$

[a] 0,95-Konfidenzintervall für μ mit Formel 85:

$$\left[20 - 1{,}96 \cdot \frac{6{,}40}{\sqrt{40}}; 20 + 1{,}96 \cdot \frac{6{,}40}{\sqrt{40}}\right] = [20 - 1{,}9834; 20 + 1{,}9834] = [18{,}02; 21{,}98]$$

[b] [18; 22] ist ein geschätztes Intervall für den Bereich, in dem die mittlere Wartezeit eines Kunden mit der Wahrscheinlichkeit von 0,95 liegt.

[c] Breite des 0,95-KI soll 2 betragen
d. h. ε = halbe Breite = 1

Formel-Navigator

Verwenden Sie hier Formel 86.

$$n \geq \frac{(1{,}96)^2 \cdot (6{,}40)^2}{1^2} = 157{,}35 \Rightarrow n \geq 158$$

d. h. damit das 0,95-KI für μ die Breite 2 hat, muss bei mindestens $n = 158$ Kunden die Wartezeit erfragt werden.

Tipp!

Zur Orientierung, welches Konfidenzintervall für p berechnet wird, soll das folgende Entscheidungsdiagramm helfen:

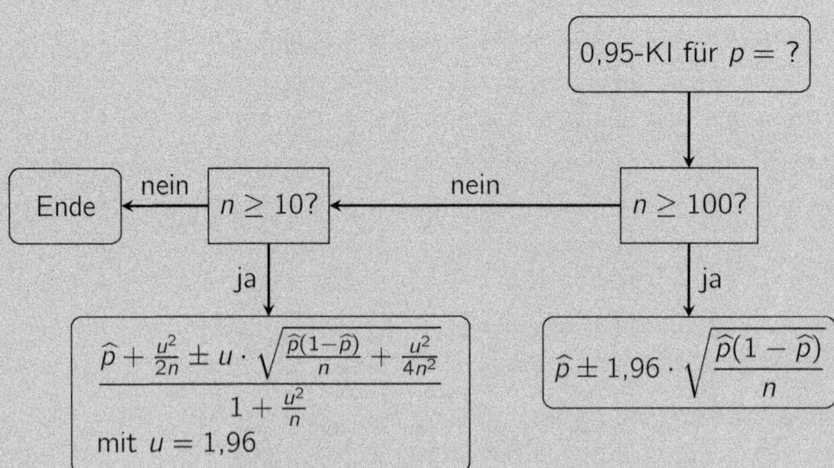

10.5

$p =$ Anteil der Facebook-Nutzer unter den über 13-Jährigen in der BRD

$\widehat{p} =$ Anteil der Facebook-Nutzer in der Stichprobe

[a] *1. Lösungsweg:*

> **Formel-Navigator**
>
> Verwenden Sie hier Formel 89.

$$n \geq \frac{2{,}0537^2 \cdot 0{,}34 \cdot 0{,}66}{0{,}03^2} = 1\,051{,}609$$

d. h. es sind mindestens 1 052 über 13-Jährige zu befragen.

2. Lösungsweg:

> **Formel-Navigator**
>
> Verwenden Sie hier Formel 90.

$$n \geq \frac{2{,}0537^2 \cdot 0{,}25}{0{,}03^2} = 1\,171{,}579$$

d. h. es sind mindestens 1 172 über 13-Jährige zu befragen.

[b] [1] KI für $p = ?$

> **Formel-Navigator**
>
> Verwenden Sie hier Formel 88.

Faustregel $n = 1\,200 \geq 100$ erfüllt

$$\frac{421}{1\,200} \pm 2{,}0537 \cdot \sqrt{\frac{\frac{421}{1\,200} \cdot \frac{779}{1\,200}}{1\,200}} = 0{,}350833 \pm 0{,}028293 = [0{,}322540; 0{,}379126]$$

[2] d. h. [32 % ; 38 %] ist ein geschätztes Intervall für den Bereich, in dem der Anteil der über 13-Jährigen Facebook-Nutzer in der BRD mit einer Wahrscheinlichkeit von 96 % liegt.

10.6

$p =$ Anteil der Raucher in der Stadt

$\widehat{p} = \frac{269}{897} \approx 0{,}30 =$ Anteil der Raucher in der Stichprobe

Stichprobenumfang: $n = 897$

Faustregel: $n \geq 100$ ist erfüllt

0,95-KI für p mit Formel 88:

$$\left[0{,}3 \pm 1{,}96 \cdot \sqrt{\frac{0{,}3 \cdot 0{,}7}{897}}\right] = [0{,}3 \pm 0{,}03] = [0{,}27; 0{,}33]$$

d. h. [0,27;0,33] ist ein geschätztes Intervall für den Bereich, in dem der Anteil der Raucher in der Stadt mit einer Wahrscheinlichkeit von 0,95 liegt.

10.7

[a] Mindeststichprobenumfang mit Formel 90:

$$n \geq \frac{1{,}96^2 \cdot 0{,}25}{0{,}03^2} = 1\,067{,}1$$

d. h. es sind mindestens 1 068 Kunden zu befragen.

[b] $p =$ Anteil der treuen Kunden in der Grundgesamtheit

$\widehat{p} =$ Anteil der treuen Kunden in der Stichprobe $= \dfrac{87 + 23}{1\,246} = 0{,}0883$

Faustregel $n = 1\,246 \geq 100$ ist erfüllt

0,95-KI für p mit Formel 88:

$$0{,}0883 \pm 1{,}96 \cdot \sqrt{\frac{0{,}0883 \cdot 0{,}9117}{1\,246}} = 0{,}0883 \pm 0{,}0158 = [0{,}0725; 0{,}1041]$$

[c] d. h. [7,3 %; 10,4 %] ist ein geschätztes Intervall für den Bereich, in dem der Anteil der treuen Kunden in der Grundgesamtheit mit einer Wahrscheinlichkeit von 0,95 liegt.

Lösungen zu Kapitel 11: Statistische Tests

Das sollten Sie wissen!

Die Nullhypothese H_0 eines statistischen Tests zum Niveau α wird genau dann abgelehnt, wenn der p-Wert höchstens so groß ist wie alpha. Der p-Wert wird anhand der Verteilung der Teststatistik unter H_0 berechnet. Ist diese Verteilung nicht vollständig tabelliert, so erfolgt die Testentscheidung anhand der tabellierten Prozentpunkte dieser Verteilung. Für die vier Tests aus meinem Lehrbuch Arrenberg [1] erfolgt die Ablehnung von H_0 genau dann, wenn gilt:

- p-Wert $\leq \alpha$ beim Gaußtest
- p-Wert $\leq \alpha$ beim t-Test
- der empirische Wert der Teststatistik ist mindestens so groß wie der obere $\alpha \cdot 100$ %-Punkt der χ^2-Verteilung beim χ^2-Unabhängigkeitstest
- der empirische Wert der Teststatistik ist mindestens so groß wie der obere $\alpha \cdot 100$ %-Punkt der χ^2-Verteilung beim χ^2-Anpassungstest

Der p-Wert eines einseitigen Gaußtests oder t-Tests wird wie folgt bestimmt:

$$p\text{-Wert (einseitig)} = 0{,}5 \cdot p\text{-Wert (zweiseitig)}$$

Tipp!

Einigen Studierenden fällt es manchmal schwer, zwischen dem χ^2-Unabhängigkeitstest und dem χ^2-Anpassungstest zu unterscheiden:

- Soll überprüft werden, ob zwei statistische Variablen stochastisch unabhängig voneinander sind, so ist ein χ^2-Unabhängigkeitstest durchzuführen.
- Soll überprüft werden, ob eine statistische Variable einer bestimmten Verteilung gehorcht, so ist ein χ^2-Anpassungstest durchzuführen. Diese „bestimmte" Verteilung muss im Aufgabentext vorgegeben sein.
- Soll überprüft werden, ob der Erwartungswert einer statistischen Variablen einen bestimmten Wert hat, so ist ein Gaußtest durchzuführen, falls diese Variable normalverteilt ist und die theoretische Varianz bekannt ist.
- Soll überprüft werden, ob der Erwartungswert einer statistischen Variablen einen bestimmten Wert hat, so ist ein t-Test durchzuführen, falls die theoretische Varianz dieser statistischen Variablen unbekannt ist.

Tipp!

Zur Orientierung, wie die Alternative H_1 eines einseitigen Gaußtest oder eines einseitigen t-Tests lautet, soll das folgende Entscheidungsdiagramm helfen:

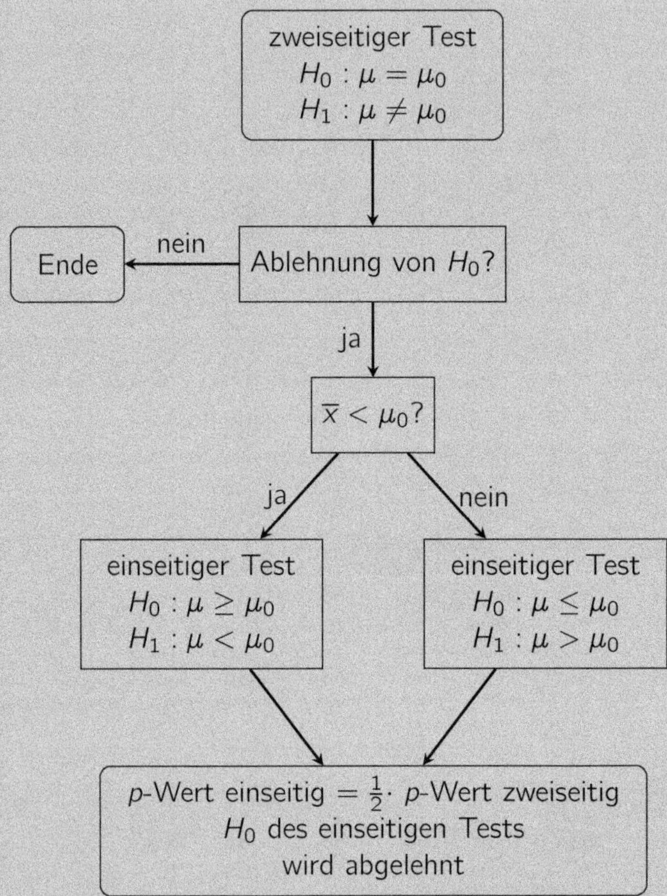

Für den Fall $\overline{x} = \mu_0$ wird H_0 des zweiseitigen Tests zum Niveau 0,05 nicht abgelehnt.

11.1

Gaußtest

X = Schuldauer Tochter minus Schuldauer Mutter (in Jahren)

$X \sim \text{NV}(\mu; \sigma = 3{,}37)$

$n = 722$ und $\overline{x} = 13{,}04 - 10{,}53 = 2{,}51$

[1] Zweiseitiger Gaußtest

H_0: Kein Unterschied zwischen den mittleren Schuldauern von Töchtern und ihren

Müttern; d. h. $E[X] = 0$

H_1: Es gibt Unterschiede; d. h. $E[X] \neq 0$

Formel-Navigator

Verwenden Sie hier Formel 91 mit $\mu_0 = 0$.

$$p\text{-Wert Gaußtest} = 2 \cdot F_U\left(-\left|\frac{2{,}51 - 0}{\frac{3{,}37}{\sqrt{722}}}\right|\right) = 2 \cdot F_U(-20{,}01301) \approx 2 \cdot 0 = 0 \leq 0{,}05 = \alpha$$

d. h. H_0 wird abgelehnt; d. h. es gibt signifikante Unterschiede in den mittleren Schuldauern von Töchtern und ihren Müttern.

[2] Da in der Stichprobe die durchschnittliche Schuldauer von Töchtern höher ist als die durchschnittliche Schuldauer der Mütter, lautet das einseitige Testproblem:

H_0: Nicht H_1; d. h. $E[X] \leq 0$

H_1: Töchter gehen im Mittel länger zur Schule als ihre Mütter; d. h. $E[X] > 0$

p-Wert einseitiger Gaußtest $\approx 0{,}5 \cdot 0 = 0 \leq 0{,}05 = \alpha$

d. h. H_0 wird abgelehnt; d. h. Töchter gehen signifikant länger zur Schule als ihre Mütter.

11.2

Anzahl Kinder in der Ursprungsfamilie = Anzahl Geschwister + 1

X = Differenz Anzahl der Kinder in der Ursprungsfamilie minus Anzahl eigener Kinder

$E[X] = \mu$

Nr.	Differenz	Differenz^2	Nr.	Differenz	Differenz^2
1	−1	1	16	4	16
2	1	1	17	3	9
3	1	1	18	4	16
4	2	4	19	10	100
5	4	16	20	4	16
6	2	4	21	1	1
7	4	16	22	7	49
8	3	9	23	4	16
9	4	16	24	4	16
10	−1	1	25	5	25
11	6	36	26	7	49
12	−3	9	27	1	1
13	1	1	28	5	25
14	1	1	29	−1	1
15	6	36	30	−1	1
			31	6	36

Die Summe aller Differenzen beträgt 93.

Die Summe aller quadrierten Differenzen beträgt 529.

$\overline{x} = \dfrac{93}{31} = 3$ mit Formel 5

$s_x^2 = \dfrac{529}{31} - 3^2 = 8{,}0645$ mit Formel 12

$s_x = \sqrt{8{,}0645} = 2{,}8398$ mit Formel 18

Faustregel $n = 31 \geq 30$ für t-Test ist erfüllt.

[1] zweiseitiger t-Test:
H_0: Es gibt im Vergleich zu früher keinen Unterschied in der mittleren Kinderanzahl eines Paares; d. h. $E[X] = 0$
H_1: Die mittlere Kinderanzahl eines Paares von heute im Vergleich zu früher hat sich verändert; d. h. $E[X] \neq 0$

Formel-Navigator

Verwenden Sie hier Formel 92 mit $\mu_0 = 0$.

$$p\text{-Wert } t\text{-Test} \approx 2 \cdot F_U\left(-\left|\frac{3-0}{\frac{2{,}8398}{\sqrt{31}}}\right|\right) = 2 \cdot F_U(-5{,}881855) \approx 2 \cdot 0 \approx 0 \leq 0{,}05 = \alpha$$

d. h. H_0 wird abgelehnt; d. h. die mittlere Kinderanzahl gegenüber früher hat sich signifikant verändert.

[2] einseitiger t-Test:

arithmetische Mittel Kinder	
früher	heute
$\frac{142}{31} = 4{,}58$	$\frac{49}{31} = 1{,}58$

Da es in der Stichprobe früher mehr Kinder gab als heute, lautet das Testproblem:
H_0: Nicht H_1; d. h. $E[X] \leq 0$
H_1: Paare hatten früher im Mittel mehr Kinder als heute; d. h. $E[X] > 0$
p-Wert einseitiger t-Test $\approx 0{,}5 \cdot 0 = 0 \leq 0{,}05 = \alpha$
d. h. H_0 wird abgelehnt; d. h. Paare hatten früher im Mittel signifikant mehr Kinder als heute. Oder anders ausgedrückt: Heute hat ein Paar im Mittel signifikant weniger Kinder als früher.

[3] [a] Unterschied= 1 Kind
Zweiseitiger t-Test: $H_0 : E[X] = 1$ gegen $H_1 : E[X] \neq 1$

Formel-Navigator

Verwenden Sie hier Formel 92 mit $\mu_0 = 1$.

$$p\text{-Wert } t\text{-Test} \approx 2 \cdot F_U\left(-\left|\frac{3-1}{\frac{2{,}8398}{\sqrt{31}}}\right|\right) = 2 \cdot F_U(-3{,}9211237) \approx 2 \cdot 0 \approx 0 \leq 0{,}05 = \alpha$$

d. h. H_0 wird abgelehnt; d. h. der Unterschied zwischen der mittleren Kinderanzahl von heute und früher beträgt signifikant nicht ein Kind.
Einseitiges Testproblem mit Unterschied von einem Kind:
H_0: Nicht H_1; d. h. $E[X] \leq 1$
H_1: Paare hatten früher im Mittel mehr als ein Kind mehr als heutzutage; d. h. $E[X] > 1$;
da $\overline{x} = 3 > 1 = \mu_0$ gilt
p-Wert t-Test $\approx 0{,}5 \cdot 0 \approx 0 \leq 0{,}05 = \alpha$
d. h. H_0 wird abgelehnt; d. h. Paare hatten früher im Mittel signifikant mehr als ein Kind mehr als heutzutage.

[b] Unterschied = 2 Kinder
Zweiseitiger t-Test: $H_0 : E[X] = 2$ gegen $H_1 : E[X] \neq 2$

Formel-Navigator

Verwenden Sie hier Formel 92 mit $\mu_0 = 2$.

p-Wert t-Test $\approx 2 \cdot F_U\left(-\left|\frac{3-2}{\frac{2{,}8398}{\sqrt{31}}}\right|\right) = 2 \cdot F_U(-1{,}960618) \approx 2 \cdot 0{,}025 = 0{,}05 \leq 0{,}05 = \alpha$
d. h. H_0 wird abgelehnt; d. h. der Unterschied zwischen der mittleren Kinderanzahl von heute und früher beträgt signifikant nicht zwei Kinder.
Einseitiges Testproblem mit Unterschied von zwei Kindern:
H_0: Nicht H_1; d. h. $E[X] \leq 2$
H_1: Paare hatten früher im Mittel mehr als zwei Kinder mehr als heutzutage; d. h. $E[X] > 2$;
da $\overline{x} = 3 > 2 = \mu_0$ gilt
p-Wert t-Test $\approx 0{,}5 \cdot 0{,}05 = 0{,}025 \leq 0{,}05 = \alpha$
d. h. H_0 wird abgelehnt; d. h. Paare hatten früher im Mittel signifikant mehr als zwei Kinder mehr als heutzutage.

[c] Unterschied = 3 Kinder
Zweiseitiger t-Test: $H_0 : E[X] = 3$ gegen $H_1 : E[X] \neq 3$

Formel-Navigator

Verwenden Sie hier Formel 92 mit $\mu_0 = 3$.

p-Wert t-Test $\approx 2 \cdot F_U\left(-\left|\frac{3-3}{\frac{2{,}8398}{\sqrt{31}}}\right|\right) = 2 \cdot F_U(0) = 2 \cdot 0{,}5 = 1 > 0{,}05 = \alpha$
d. h. H_0 wird nicht abgelehnt; d. h. dass der Unterschied drei Kinder beträgt, kann nicht verworfen werden.

Das sollten Sie wissen!

Um die Testentscheidung eines χ^2-Unabhängigkeitstests treffen zu können, müssen u. a. die sogenannten erwarteten Häufigkeiten berechnet werden. Dazu werden in der

Kontingenz-/Kreuztabelle alle Zeilen- und Spaltensummen gebildet. Anschließend wird für z. B. die erste Zelle der Tabelle die erste Zeilensumme mit der ersten Spaltensumme multipliziert und durch den Stichprobenumfang dividiert. Das Ergebnis ist die erwartete absolute Häufigkeit in der ersten Zelle der Tabelle. In der Aufgabe 11.3 lautet dieser Rechenschritt für die erste Zelle: $\frac{100 \cdot 120}{300} = 40$

11.3

[1] Chi-Quadrat-Unabhängigkeitstest

[2] H_0: Ausbildungsbereich und Geschlecht sind stochastisch unabhängig

[3] Erwartete Häufigkeiten:

Ausbildungsbereich	Frauen	Männer	Summe
Industrie und Handel	40	60	100
Handwerk	40	60	100
öffentlicher Dienst	40	60	100
Summe	120	180	300

Die minimale erwartete Häufigkeit beträgt 40 und ist größer gleich eins. Außerdem hat keine Zelle eine erwartete Häufigkeit kleiner als fünf, erlaubt wären hier bis zu 20 % aller Zellen. Also ist die Faustregel erfüllt.

[4] $\chi^2_{\text{emp.}} = ?$

Formel-Navigator

Verwenden Sie hier Formel 94.

Der empirische Wert der Teststatistik beträgt:

$$\chi^2_{\text{emp.}} = \frac{(60-40)^2}{40} + \frac{(40-60)^2}{60} + \frac{(20-40)^2}{40} + \frac{(80-60)^2}{60} + \frac{(40-40)^2}{40} + \frac{(60-60)^2}{60} = 33{,}\overline{3}$$

[5] I = Anzahl der Zeilen = 3
J = Anzahl der Spalten = 2
Freiheitsgrad $df = (I-1)(J-1) = 2 \cdot 1 = 2$
Gemäß der Tabelle auf der Seite 195 beträgt der obere 5 %-Punkt der Chi-Quadrat-Verteilung mit zwei Freiheitsgraden 5,991. Da gilt: $33{,}\overline{3} > 5{,}991$, wird H_0 abgelehnt; d. h. der Ausbildungsbereich und Geschlecht sind nicht stochastisch unabhängig.

Das sollten Sie wissen!

Die Berechnung des empirischen Wertes der Teststatistik des χ^2-Unabhängiskeitstest hat für den Fall $df = 1$ eine spezielle Form.

11.4

[1] Chi-Quadrat-Unabhängigkeitstest

[2] H_0: Stillbereitschaft und Berufstätigkeit sind stochastisch unabhängig

[3] Erwartete Häufigkeiten:

	Berufstätig		Summe
Stillen	nein	ja	
nein	66	54	120
ja	44	36	80
Summe	110	90	200

Die minimale erwartete Häufigkeit beträgt somit 36 und ist größer gleich eins. Außerdem hat keine Zelle eine erwartete Häufigkeit kleiner als fünf, erlaubt wären hier bis zu 20 % aller Zellen. Also ist die Faustregel erfüllt.

[4] $\chi^2_{\text{emp.}} = ?$

I = Anzahl der Zeilen = 2
J = Anzahl der Spalten = 2
Freiheitsgrad $df = (I-1)(J-1) = 1 \cdot 1 = 1$

Formel-Navigator

Verwenden Sie hier Formel 93.

Da $df = 1$ gilt, greift die Kontinuitätskorrektur nach Yates:

$$\chi^2_{\text{emp.}} = \frac{(\mid 40-66 \mid -0{,}5)^2}{66} + \frac{(\mid 80-54 \mid -0{,}5)^2}{54} + \frac{(\mid 70-44 \mid -0{,}5)^2}{44}$$
$$+\frac{(\mid 10-36 \mid -0{,}5)^2}{36} = 54{,}735$$

[5] Gemäß der Tabelle auf der Seite 195 beträgt der obere 5 %-Punkt der Chi-Quadrat-Verteilung mit einem Freiheitsgrad 3,841. Da gilt: $54{,}735 > 3{,}841$, wird H_0 abgelehnt; d. h. Stillbereitschaft und Berufstätigkeit sind nicht stochastisch unabhängig.

Das sollten Sie wissen!

Die erwarteten Häufigkeiten beim χ^2-Anpassungstest sind die Werte $n \cdot p_1, \ldots, n \cdot p_I$.

11.5

[1] Chi-Quadrat-Anpassungstest

[2] p_1 = Wahrscheinlichkeit, dass eine Reparatur am Montag stattfindet
usw.
p_5 = Wahrscheinlichkeit, dass eine Reparatur am Freitag stattfindet
H_0: $p_1 = \ldots = p_5 = \frac{1}{5}$

[3] Erwartete Häufigkeiten:

Wochentag	Mo	Di	Mi	Do	Fr	
Anzahl Kunden	30	40	40	60	30	$n = 200$
$n \cdot p_i$	40	40	40	40	40	200

Somit ist die Faustregel $n \cdot p_i \geq 5$ erfüllt.

[4] $\chi^2_{\text{emp.}} = ?$

Formel-Navigator

Verwenden Sie hier Formel 95.

Der empirische Wert der Teststatistik beträgt:

$$\chi^2_{\text{emp.}} = \frac{(30-40)^2}{40} + \frac{(40-40)^2}{40} + \frac{(40-40)^2}{40} + \frac{(60-40)^2}{40} + \frac{(30-40)^2}{40} = 15$$

[5] Da die Verteilung unter H_0 durch fünf Einzelwahrscheinlichkeiten $p_1, \ldots, p_5$ eindeutig festgelegt ist, gilt $l = 1$.
Freiheitsgrad $df = I - 1 - 0 = 5 - 1 = 4$
Gemäß der Tabelle auf der Seite 195 beträgt der obere 5 %-Punkt der Chi-Quadrat-Verteilung mit vier Freiheitsgraden 9,488. Da gilt: 15 > 9,488, wird H_0 abgelehnt; d. h. die Reparatur-Wochentage sind nicht alle gleich wahrscheinlich.

Lösungen zu Kapitel 12: Gemischte Aufgaben

Lösungen

12.1

X = Berufserfahrung (in Jahren)
Y = Umsatz (in 1 000 Euro)

i	x_i	y_i	x_i^2	y_i^2	$x_i \cdot y_i$
1	1	80	1	6 400	80
2	3	97	9	9 409	291
3	6	103	36	10 609	618
4	10	119	100	14 161	1 190
5	11	117	121	13 689	1 287
$\sum$	31	516	267	54 268	3 466

[a] [1] $a_1 + b_1 \cdot 9 = ?$

> **Formel-Navigator**
>
> Verwenden Sie hier Formel 53 und Formel 54.

$$b_1 = \frac{5 \cdot 3\,466 - 31 \cdot 516}{5 \cdot 267 - 31^2} = \frac{1\,334}{374} = 3{,}57$$

$$a_1 = \frac{516 - 3{,}57 \cdot 31}{5} = 81{,}07$$

$81{,}07 + 3{,}57 \cdot 9 = 113{,}2$ mit Formel 52

d. h. es ist mit einem Jahresumsatz von etwa 113 000 Euro zu rechnen.

[2] $b_1 = 3{,}57$ d. h. steigt die Berufserfahrung um ein Jahr, so steigt der Jahresumsatz um etwa 3 570 Euro.

[3] $r = ?$

> **Formel-Navigator**
>
> Verwenden Sie hier Formel 60.

$$b_2 = \frac{1\,334}{5 \cdot 54\,268 - 516^2} = \frac{1\,334}{5\,084} = 0{,}26 \text{ mit Formel 56}$$

$$r = \sqrt{3{,}57 \cdot 0{,}26} = \sqrt{0{,}9282} = 0{,}96$$

$9 \in [x_{\min}; x_{\max}] = [1; 11]$; d. h. 113,2 ist ein interpolierter Wert, auf den Verlass ist, da die Korrelation stark ist.

[b] B = über fünf Jahre Berufserfahrung
U = überdurchschnittlicher Jahresumsatz
$0{,}20 = P(U)$

Formel-Navigator

Verwenden Sie hier Formel 33.

$$0{,}75 = P(\overline{B} \mid \overline{U}) = \frac{P(\overline{B} \cap \overline{U})}{P(\overline{U})} = \frac{P(\overline{B} \cap \overline{U})}{0{,}80} \Rightarrow P(\overline{B} \cap \overline{U}) = 0{,}75 \cdot 0{,}80 = 0{,}60$$

$$0{,}50 = P(B \mid U)) = \frac{P(B \cap U)}{P(U)} = \frac{P(B \cap U)}{0{,}20} \Rightarrow P(B \cap U) = 0{,}50 \cdot 0{,}20 = 0{,}10$$

Arbeitstabelle:

	U	$\overline{U}$	$\sum$
B	0,10	0,20	0,30
$\overline{B}$	0,10	0,60	0,70
$\sum$	0,20	0,80	1

[1] $P(B \cap U) = 0{,}10$
d. h. der Anteil beträgt 10 %.

[2] $P(B) = 0{,}30$
d. h. der Anteil beträgt 30 %.

12.2

E = Entwurfsphase termingerecht abgeschlossen
K = Konstruktionsphase termingerecht abgeschlossen
$0{,}60 = P(E)$
$0{,}70 = P(K \mid E) \Rightarrow P(E \cap K) = 0{,}70 \cdot 0{,}60 = 0{,}42$ mit Formel 34
$0{,}20 = P(\overline{E} \cap \overline{K})$
Arbeitstabelle:

	E	$\overline{E}$	$\sum$
K	0,42	0,20	0,62
$\overline{K}$	0,18	0,20	0,38
$\sum$	0,60	0,40	1

[a] [1] $P\left(E \cap \bar{K}\right) = 0{,}18$

[2] $P\left(K\right) = 0{,}62$

[3] $P\left(\overline{E} | K\right) = \dfrac{0{,}2}{0{,}62} \approx 0{,}32$

[b] E, K stochastisch unabhängig?

Formel-Navigator

Verwenden Sie hier Formel 36.

$P(E) \cdot P(K) = 0{,}6 \cdot 0{,}62 = 0{,}372 \neq 0{,}42 = P(E \cap K)$
d. h. die Ereignisse sind nicht stochastisch unabhängig.

[c] Wahrscheinlichkeitsfunktion $P(X = x)$:

x	6	7	8	9	10
$P(X = x)$	0,1	0,4	0,2	0,1	0,2

Formel-Navigator

Verwenden Sie hier Formel 42, Formel 43 und Formel 44.

$E[X] = 6 \cdot 0{,}1 + 7 \cdot 0{,}4 + 8 \cdot 0{,}2 + 9 \cdot 0{,}1 + 10 \cdot 0{,}2 = 7{,}9$
$Var[X] = 6^2 \cdot 0{,}1 + 7^2 \cdot 0{,}4 + 8^2 \cdot 0{,}2 + 9^2 \cdot 0{,}1 + 10^2 \cdot 0{,}2 - 7{,}9^2 = 64{,}1 - 62{,}41 = 1{,}69$
$\sqrt{Var[X]} = \sqrt{1{,}69} = 1{,}3$
Es ist zu erwarten, dass die Konstruktionsphase eines zufälligen Projekts 7,9 Monate dauert. Die Schwankung gemessen mit der Standardabweichung für die Dauer der Konstruktionsphase beläuft sich auf 1,3 Monate.

12.3

[a] *1. Lösungsweg*:

Formel-Navigator

Verwenden Sie hier Formel 8.

Faktor = Rate + 1

Zeitraum 4. Woche bis 7. Woche = drei wöchentliche Veränderungen
Faktor $= \sqrt[7-4]{0{,}9 \cdot 1{,}2 \cdot 0{,}9} = \sqrt[3]{0{,}972} = 0{,}9905782$

Rate = Faktor − 1 = $0{,}9905782 - 1 = -0{,}0094218 \approx -0{,}009$
d. h. im Zeitraum 4. bis 7. Kalenderwoche ist die Quote um durchschnittlich 0,9 % pro Woche gesunken.
2. Lösungsweg:
Annahme: Die Quote beträgt in der 4. Kalenderwoche 10 %:

Woche	Quote
4	10 %
5	10 % · 0,9 = 9 %
6	9 % · 1,2 = 10,8 %
7	10,8 % · 0,9 = 9,72 %

$$\text{Faktor} = \sqrt[7-4]{\frac{\text{Quote}_{7.\text{ Woche}}}{\text{Quote}_{4.\text{ Woche}}}} = \sqrt[3]{\frac{9{,}72}{10}} = 0{,}9905782$$

Rate = Faktor − 1 = 0,9905782 − 1 = −0,0094218 ≈ −0,009 $\widehat{=}$ − 0,9 %

[b] p = Anteil der Wochen, an denen die Quote sinkt.

30-mal ist in der Stichprobe die Veränderung negativ, also $\widehat{p} = \frac{30}{104}$

Faustregel $n = 104 \geq 100$ ist erfüllt.

Der 97 %-Punkt der Standard-Normalverteilung beträgt 1,8808.

KI für p = ?

Formel-Navigator

Verwenden Sie hier Formel 88.

$$\frac{30}{104} \pm 1{,}8808 \cdot \sqrt{\frac{\frac{30}{104} \cdot \frac{74}{104}}{104}} = [0{,}2049072; 0{,}3720159] \approx [0{,}20; 0{,}37]$$

d. h. [20 % ; 37 %] ist ein geschätztes Intervall für den Bereich, in dem p mit einer Wahrscheinlichkeit von 94 % liegt.

[c] X = Anzahl der Wochen, in denen die Quote sinkt.

$X \sim B(n = 13; p = 0{,}25)$

[1] $E[X] = 13 \cdot 0{,}25 = 3{,}25$ mit Formel 68

d. h. es ist zu erwarten, dass im kommenden Quartal die Quote an etwa drei der dreizehn Wochen sinkt.

[2] $P(X = 6) = ?$

Formel-Navigator

Verwenden Sie hier Formel 67.

$$P(X = 6) = \binom{13}{6} \cdot 0{,}25^6 \cdot 0{,}75^7 = 0{,}0559$$

d. h. die Wahrscheinlichkeit beträgt 0,0559

12.4

Arbeitstabelle:

j	x^*_{j-1}	$< x \leq$	x^*_j	n_j	F	x'_j
1	0	$\leq x \leq$	250 000	300	3/9	125 000
2	250 000	$< x \leq$	500 000	400	7/9	375 000
3	500 000	$< x \leq$	750 000	150	8,5/9	625 000
4	750 000	$< x \leq$	1 000 000	50	1	875 000
$\sum$				$n = 900$	1	

[a] $x_{0,60} = ?$

Formel-Navigator

Verwenden Sie hier Formel 2.

$$x_{0,60} \approx 250\,000 + \frac{0{,}6 - 3/9}{4/9} \cdot 250\,000 = 400\,000$$

[b] $\overline{x} = ?$

Formel-Navigator

Verwenden Sie hier Formel 7.

$$\overline{x} \approx 125\,000 \cdot \frac{3}{9} + 375\,000 \cdot \frac{4}{9} + 625\,000 \cdot \frac{1{,}5}{9} + 875\,000 \cdot \frac{0{,}5}{9} = 361\,111{,}1 \approx 361\,111$$

d. h. der durchschnittliche Gewinn pro Filiale beträgt etwa 361 111 GE.

$x_{0,50} = ?$

Formel-Navigator

Verwenden Sie hier Formel 2.

$$x_{0,50} \approx 250\,000 + \frac{0{,}5 - 3/9}{4/9} \cdot 250\,000 = 343\,750$$

d. h. 50 % aller Filialen machen einen Gewinn von etwa höchstens 343 750 GE.

[c] $s = ?$

Formel-Navigator

Verwenden Sie hier Formel 16 und Formel 18.

$$s^2 \approx (125\,000 - 361\,111{,}1)^2 \cdot \frac{3}{9} + (375\,000 - 361\,111{,}1)^2 \cdot \frac{4}{9} + (625\,000 - 361\,111{,}1)^2 \cdot \frac{1{,}5}{9} + (875\,000 - 361\,111{,}1)^2 \cdot \frac{0{,}5}{9} = 44\,945\,987\,654$$

$$s \approx \sqrt{44\,945\,987\,654} \approx 212\,004{,}69$$

d. h. die Schwankungen des Datensatzes gemessen mit der Standardabweichung betragen in etwa 212 005 GE.

[d] H = zufällig ausgewählter Kunde kauft ein Handy
PC = zufällig ausgewählter Kunde kauft einen PC
Arbeitstabelle:

	H	$\overline{H}$	$\sum$
PC	0,0375	0,1125	0,15
$\overline{PC}$	0,2125	0,6375	0,85
$\sum$	0,25	0,75	1

[1] $P(\overline{PC} \cap \overline{H}) = 0{,}6375$

[2] $P(PC \cup H) = 1 - 0{,}6375 = 0{,}3625$

[3] PC, H stochastisch unabhängig?

Formel-Navigator

Verwenden Sie hier Formel 36.

$P(PC) \cdot P(H) = 0{,}25 \cdot 0{,}15 = 0{,}0375 = P(PC \cap H)$

d. h. PC und H sind stochastisch unabhängig voneinander.

12.5

X = F&E-Ausgaben

Y = Anzahl der angemeldeten Patente

Um die kumulierten relativen Häufigkeiten der x-Werte berechnen zu können, müssen die x-Werte aufsteigend geordnet werden:

i	x_i	y_i	x_i^2	y_i^2	$x_i \cdot y_i$	n_i^x	n_i^x/n	$F(x_i)$
1	100	5	10 000	25	500	1	1/5	0,2
2	120	4	14 400	16	480	1	1/5	0,4
3	140	7	19 600	49	980	1	1/5	0,6
4	160	7	25 600	49	1 120	1	1/5	0,8
5	190	9	36 100	81	1 710	1	1/5	1
$\sum$	710	32	105 700	220	4 790	$n = 5$	1	

[a] Arithmetisches Mittel: $\overline{x} = \frac{1}{5} \cdot 710 = 142$ mit Formel 5

Die F&E-Ausgaben lagen im Durchschnitt bei 142 Mio. Euro.

Median: $x_{0,50} \approx 140$

Die F&E-Ausgaben lagen in mindestens 50 % der Fälle höchstens bei einem Wert von 140 Mio. Euro. Oder: Die medianen Ausgaben betrugen in etwa 140 Mio. Euro.

Standardabweichung: $s_x = \sqrt{\left(\frac{1}{5} \cdot 105\,700\right) - 142^2} = \sqrt{976} \approx 31{,}241$ mit Formel 12 und Formel 18

Die Schwankungen der F&E-Ausgaben gemessen mit der Standardabweichung liegen bei 31,241 Mio. Euro.

[b] *1. Lösungsweg:*

$r = ?$

Formel-Navigator

Verwenden Sie hier Formel 60.

$$b_1 = \frac{5 \cdot 4\,790 - 710 \cdot 32}{5 \cdot 105\,700 - 710^2} = \frac{1\,230}{24\,400} = 0{,}0504 \text{ mit Formel 53}$$

$b_2 = \dfrac{1\,230}{5 \cdot 220 - 32^2} = \dfrac{1\,230}{76} = 16{,}1842$ mit Formel 56

$r = \sqrt{16{,}1842 \cdot 0{,}0504} = \sqrt{0{,}8157} = 0{,}903$

d. h. es liegt ein positiver starker linearer Zusammenhang zwischen den Ausgaben und den angemeldeten Patenten vor.

2. Lösungsweg:

$B = ?$

Formel-Navigator

Verwenden Sie hier Formel 60.

$B = 16{,}1842 \cdot 0{,}0504 = 0{,}816$

d. h. es liegt ein positiver starker linearer Zusammenhang zwischen den Ausgaben und den angemeldeten Patenten vor.

[c] $a_1 + b_1 \cdot 154 = ?$

$a_1 = \dfrac{32 - 0{,}0504 \cdot 710}{5} = -0{,}7568$ mit Formel 54

$-0{,}7568 + 0{,}0504 \cdot 154 = 7{,}0048 \approx 7$ mit Formel 52

d. h. es ist mit sieben angemeldeten Patenten zu rechnen.

Der Prognosewert 7 Patente ist zuverlässig, da $154 \in [100; 190]$ und die Korrelation stark ist.

[d] [1] $b_1 = 0{,}0504$ d. h. werden die Ausgaben um eine Mio. Euro gesenkt, so sinkt die Anzahl der angemeldeten Patente um 0,0504 Patente.

[2] $b_1 \cdot 20 = 0{,}0504 \cdot 20 = 1{,}008$ d. h. werden die Ausgaben um 20 Mio. Euro gesenkt, so wird etwa ein Patent weniger angemeldet.

12.6

[a] In Abwandlung von Formel 8 ergibt sich:

$$\sqrt[2009-2000]{\frac{513}{490}} = \sqrt[9]{1{,}046939} = 1{,}005110$$

d. h. die durchschnittliche jährliche Steigerung betrug 0,5 % pro Jahr.

[b] X = Punkte in Mathematik

Y = Punkte in Naturwissenschaften

Arbeitstabelle:

i	x_i	y_i	$x_i \cdot y_i$	x_i^2	y_i^2
1	490	487	238 630	240 100	237 169
2	503	502	252 506	253 009	252 004
3	504	516	260 064	254 016	266 256
$n = 4$	513	520	266 760	263 169	270 400
$\sum$	2 010	2 025	1 017 960	1 010 294	1 025 829

[1] $a_1 + b_1 \cdot 500 = ?$

Formel-Navigator

Verwenden Sie hier Formel 52, Formel 53 und Formel 54.

$$b_1 = \frac{4 \cdot 1\,017\,960 - 2\,010 \cdot 2\,025}{4 \cdot 1\,010\,294 - 2\,010^2} = \frac{1\,590}{1\,076} = 1{,}477695$$

$$a_1 = \frac{2\,025 - b_1 \cdot 2\,010}{4} = -236{,}291822$$

$a_1 + b_1 \cdot 500 = 502{,}5558 \approx 503$

d. h. es ist mit etwa 503 Punkten in der Naturwissenschaften-Kompetenz zu rechnen.

[2] Der Prognosewert 503 ist ein interpolierter Wert, da $500 \in [490; 513]$ liegt.
$r = ?$

Formel-Navigator

Verwenden Sie hier Formel 56 und Formel 60.

$$b_2 = \frac{1\,590}{4 \cdot 1\,025\,829 - 2\,025^2} = \frac{1\,590}{2\,691} = 0{,}59085841$$

$r = \sqrt{b_1 \cdot b_2} = 0{,}9344028$

d. h. bei der Prognose handelt es sich um einen interpolierten Wert bei gleichzeitig starker Korrelation, insofern ist der Prognosewert 503 als zuverlässig anzusehen.

12.7

[a] μ = erwartete Flugzeit
KI für $\mu = ?$

Formel-Navigator

Verwenden Sie hier Formel 85.

[1] $\overline{x} = \frac{258{,}70}{30} = 8{,}62$ mit Formel 5

$s_x^2 = \frac{8{,}4413}{30} = 0{,}2814$ mit Formel 12

$s_x = \sqrt{0{,}2814} = 0{,}53$ mit Formel 18

Faustregel $n \geq 30$ erfüllt

$\overline{x} \pm 1{,}96 \cdot \frac{s}{\sqrt{n}} = 8{,}62 \pm 1{,}96 \cdot \frac{0{,}53}{\sqrt{30}} = 8{,}62 \pm 0{,}19 = [8{,}43; 8{,}81] =$ [8h26Min; 8h49Min]

[2] Das Intervall [8h26Min; 8h49Min] ist ein geschätztes Intervall für den Bereich, in dem die erwartete Flugzeit mit einer Wahrscheinlichkeit von 0,95 liegt.

[b] X = Flugzeit (in h) $\sim N(\mu = 8{,}5; \sigma = 0{,}5)$

[1] $x = ?$ mit $0{,}95 = P(X \geq x) \Leftrightarrow 0{,}05 = P(X < x) = P(X \leq x)$

Formel-Navigator

Verwenden Sie hier Formel 80 und die Tabelle auf der Seite 192.

$$0{,}05 = F_U\left(\frac{x - 8{,}5}{0{,}5}\right)$$

$$-1{,}6449 = \frac{x - 8{,}5}{0{,}5} \Leftrightarrow x = 8{,}5 - 1{,}6449 \cdot 0{,}5 = 7{,}67755$$

$0{,}67755 \cdot 60 = 40{,}7$ Minuten ≈ 41 Minuten

d. h. mit der Wahrscheinlichkeit von 95 % ist mit einer Flugzeit von mindestens 7 Stunden und 41 Minuten zu rechnen.

[2] $P(X = 8{,}5) = 0$

d. h. die Wahrscheinlichkeit beträgt null.

[3] *1. Lösungsweg:*

Zweifaches zentrales Schwankungsintervall $\mu \pm 2 \cdot \sigma$

$8{,}5 \pm 2 \cdot 0{,}5 = [7{,}5; 9{,}5]$

d. h. 95 % aller Flugzeiten liegen zwischen $7\frac{1}{2}$ Stunden und $9\frac{1}{2}$ Stunden.

2. Lösungsweg:

$$0{,}95 = P(X \leq \mu + c) - P(X \leq \mu - c)$$

$$0{,}975 = P(X \leq \mu + c) = F_U\left(\frac{\mu + c - \mu}{\sigma}\right) = F_U\left(\frac{c}{\sigma}\right)$$

$$1{,}96 = \frac{c}{\sigma} \Leftrightarrow c = 1{,}96 \cdot \sigma = 1{,}96 \cdot 0{,}5$$

$8{,}5 \pm 1{,}96 \cdot 0{,}5 = [7{,}52; 9{,}48]$

d. h. 95 % aller Flugzeiten liegen zwischen $7\frac{1}{2}$ Stunden und $9\frac{1}{2}$ Stunden.

12.8

[a] [1] $\overline{x} = ?$

Formel-Navigator

Verwenden Sie hier Formel 7.

$$\overline{x} \approx 10 \cdot \frac{50}{250} + 40 \cdot \frac{150}{250} + 90 \cdot \frac{50}{250} = \frac{11\,000}{250} = 44$$

d. h. im Durchschnitt beträgt der Anreiseweg eines FH-Studierenden etwa 44 Minuten.

[2] $s^2 = ?$

Formel-Navigator

Verwenden Sie hier Formel 16.

$$s^2 \approx (10-44)^2 \cdot \frac{50}{250} + (40-44)^2 \cdot \frac{150}{250} + (90-44)^2 \cdot \frac{50}{250} = \frac{166\,000}{250} = 664$$

[3] $1 - F(30) = ?$

Formel-Navigator

Verwenden Sie hier Formel 1.

$$1 - F(30) \approx 1 - 0{,}2 - \frac{0{,}6}{40}(30-20) = 1 - 0{,}35 = 0{,}65$$

d. h. etwa 65 % aller FH-Studierenden benötigen mehr als 30 Minuten Anreisezeit zur FH.

[b] X = Anreiseweg (in Min) eines FH-Studierenden
$X \sim \mathrm{N}(\mu = 40; \sigma = 20)$

[1] $P(X = 30) = 0$
d. h. die Wahrscheinlichkeit beträgt null.

[2] $0{,}95 = P(X \leq x) = F_U\left(\frac{x-40}{20}\right)$ mit Formel 80

$1{,}6449 = \left(\frac{x-40}{20}\right)$ mit der Tabelle auf der Seite 193

$x = 40 + 1{,}6449 \cdot 20 = 72{,}898$

d. h. die gesuchte Anreisezeit beträgt etwa 73 Minuten.

12.9

[a] KI für $p = ?$

Formel-Navigator

Verwenden Sie hier Formel 88.

Faustregel $n = 100 \geq 100$ erfüllt

$$\widehat{p} = \frac{2+8+23}{100} = 0{,}33$$

$$0{,}95\text{-KI für } p = 0{,}33 \pm 1{,}96 \cdot \sqrt{\frac{0{,}33 \cdot 0{,}67}{100}} = [0{,}24; 0{,}42]$$

d. h. [24 % ; 42 %] ist ein geschätztes Intervall für den Bereich, in dem der Anteil aller Tankfüllungen mit einer gesamten Kilometerleistung von höchstens 900 km mit der Wahrscheinlichkeit 0,95 liegt.

[b] X = Kilometerleistung pro Tankfüllung
$X \sim \mathrm{N}(\mu = 1\,000; \sigma = 250)$

[1] *1. Lösungsweg:*
Die Gesamtfläche unter der Glockenkurve beträgt eins. Aufgrund der Symmetrie der NV liegt links von μ die Hälfte der Gesamtfläche:
$P(X \leq \mu) = 0{,}5$
2. Lösungsweg:

Formel-Navigator

Verwenden Sie hier Formel 80 und die Tabelle auf der Seite 193.

$$P(X \leq \mu) = F_U\left(\frac{\mu - \mu}{\sigma}\right) = F_U(0) = 0{,}5$$

d. h. die Wahrscheinlichkeit beträgt 0,5.

[2] $P(X = \mu) = 0$
d. h. die Wahrscheinlichkeit beträgt null.

[3] $P(X \leq 1\,100) - P(X \leq 800) = ?$

Formel-Navigator

Verwenden Sie hier Formel 80 sowie die beiden Tabellen auf den Seiten 192 und 193.

$$P(X \leq 1\,100) - P(X \leq 800) = F_U\left(\frac{1\,100 - 1\,000}{250}\right) - F_U\left(\frac{800 - 1\,000}{250}\right) =$$
$$F_U(0{,}4) - F_U(-0{,}8) = 0{,}655 - 0{,}212 = 0{,}443$$

d. h. die Wahrscheinlichkeit beträgt 44 %.

12.10

[a] $n = ?$

Formel-Navigator

Verwenden Sie hier Formel 90.

$$n \geq \frac{1{,}96^2 \cdot 0{,}25}{0{,}03^2} = 1\,067{,}1$$

d. h. es sind mindestens 1 068 Mobilfunknutzer zu befragen.

[b] KI für $\mu = ?$

Formel-Navigator

Verwenden Sie hier Formel 85.

Faustregel $n = 1\,278 \geq 30$ erfüllt

$$\overline{x} = \frac{51\,351{,}44}{1\,287} = 39{,}9 \text{ mit Formel 5}$$

$s^2 = \frac{1}{1\,287} \cdot 31\,449{,}98 = 24{,}43666$ mit Formel 12

$s = \sqrt{24{,}43666} = 4{,}9$ mit Formel 18

0,95 KI für $\mu = 39{,}9 \pm 1{,}96 \cdot \frac{4{,}9}{\sqrt{1\,287}} = [39{,}6; 40{,}2]$

d. h. [39,6; 40,2] ist ein geschätztes Intervall für den Bereich, in dem die mittleren Ausgaben für monatliche Handygebühren mit einer Wahrscheinlichkeit von 0,95 liegen.

[c] X = monatliche Ausgaben (in Euro)

$X \sim \mathrm{N}(\mu = 40; \sigma = 5)$

$P(X \leq 42) - P(X \leq 30) = ?$

Formel-Navigator

Verwenden Sie hier Formel 80 sowie die beiden Tabellen auf den Seiten 192 und 193.

$$P(X \leq 42) - P(X \leq 30) = F_U\left(\frac{42-40}{5}\right) - F_U\left(\frac{30-40}{5}\right) = F_U(0{,}4) - F_U(-2) =$$

$0{,}655 - 0{,}023 = 0{,}632$

d. h. der Anteil beträgt etwa 63 %.

12.11

[a] [1] *1. Lösungsweg:*

Die Gesamtfläche unter der Glockenkurve beträgt eins. Aufgrund der Symmetrie der NV liegt links von μ die Hälfte der Gesamtfläche:

$P(X \leq \mu) = 0{,}5$

2. Lösungsweg:

Formel-Navigator

Verwenden Sie hier Formel 80 und die Tabelle auf der Seite 193.

$$P(X \leq \mu) = F_U\left(\frac{\mu - \mu}{\sigma}\right) = F_U(0) = 0{,}5$$

d. h. die Wahrscheinlichkeit beträgt 50 %.

[2] $P(X = 21) = 0$

d. h. die Wahrscheinlichkeit beträgt null.

[3] $P(X \leq 30) - P(X \leq 20) = ?$

Formel-Navigator

Verwenden Sie hier Formel 80 sowie die beiden Tabellen auf den Seiten 192 und 193.

$$P(X \leq 30) - P(X \leq 20) = F_U\left(\frac{30-21}{10}\right) - F_U\left(\frac{20-21}{10}\right) =$$

$F_U(0{,}9) - F_U(-0{,}1) = 0{,}816 - 0{,}460 = 0{,}356$

d. h. die Wahrscheinlichkeit beträgt etwa 36 %.

[b] [1] $x = ?$ mit $0{,}90 = P(X \geq x) \Leftrightarrow 0{,}10 = P(X < x) = P(X \leq x)$

Formel-Navigator

Verwenden Sie hier Formel 80 und die Tabelle auf der Seite 192.

$$0{,}10 = F_U\left(\frac{x-21}{10}\right)$$

$$-1{,}2816 = \frac{x-21}{10} \Leftrightarrow x = 21 - 1{,}2816 \cdot 10 = 8{,}2$$

d. h. mit 90 %-iger Wahrscheinlichkeit ist mit einer Wartezeit von mindestens acht Tagen zu rechnen.

[2] $x = ?$ mit $0{,}95 = P(X \leq x)$

Formel-Navigator

Verwenden Sie hier Formel 80 und die Tabelle auf der Seite 193.

$$1{,}6449 = \frac{x-21}{10} \Leftrightarrow x = 37{,}4$$

d. h. mit 95 %-iger Wahrscheinlichkeit ist mit einer Wartezeit von höchstens siebenunddreißig Tagen zu rechnen.

[c] $p =$ Anteil der Kunden, die länger als achtundzwanzig Tage auf ihren Neuwagen warten müssen

KI für $p = ?$

Formel-Navigator

Verwenden Sie hier Formel 88.

$$\widehat{p} = \frac{147}{250} = 0{,}588$$

Faustregel $n = 250 \geq 100$ erfüllt

0,99-KI für p

$$0{,}588 \pm 2{,}5758 \cdot \sqrt{\frac{0{,}588 \cdot 0{,}412}{250}} = [0{,}508; 0{,}668] \approx [51\ \%; 67\ \%]$$

12.12

[a] $n = ?$

Formel-Navigator

Verwenden Sie hier Formel 86.

Für den Mindeststichprobenumfang gilt:

$$n \geq \frac{2{,}5758^2 \cdot 1{,}4^2}{0{,}25^2} \approx 208{,}7$$

Das heißt, es müssen mindestens 209 Packungen nachgewogen werden.

[b] Weil der Stichprobenumfang größer als 30 ist, ist die Faustregel erfüllt, nach der die Annahmen des Zentralen Grenzwertsatzes greifen. Deshalb ist das gesuchte Konfidenzintervall gemäß Formel 85 gegeben durch:

$$\left[12{,}3 - 2{,}5758\frac{1{,}2}{\sqrt{210}};\, 12{,}3 + 2{,}5758\frac{1{,}2}{\sqrt{210}}\right] \approx [12{,}09; 12{,}51]$$

[c] Es bezeichne X die Zufallsvariable „Abfüllmenge". Es ist $X \sim \mathrm{N}(\mu = 12{,}3; \sigma = 1{,}2)$. Damit gilt für das 0,2 % Quantil von X gemäß Formel 80:

$$0{,}002 = P(X \leq x) = F_U\left(\frac{x - 12{,}3}{1{,}2}\right)$$

Mit der Tabelle auf der Seite 192 ergibt sich daraus:

$$-2{,}8782 = \frac{x - 12{,}3}{1{,}2} \Leftrightarrow x = 12{,}3 - 3{,}4538 \Leftrightarrow x = 8{,}85$$

d. h. bei 99,8 % aller Packungen liegt das Gewicht über 8,85 g.

12.13

X = Anzahl der Jahre, seitdem eine Kundin das Produkt A kauft
Y = Anzahl der Jahre, seitdem ein Kunde das Produkt A kauft

[a] [1] $\overline{x} = 5{,}3$ und $\overline{y} = 5$ mit Formel 5
d. h. die Frauen kaufen im Durchschnitt seit 5,3 Jahren das Produkt A, die Männer im Durchschnitt erst seit fünf Jahren.

[2] $x_{0,50} = 3$, da $F_X(3) = 0{,}5$
$y_{0,50} = 5$, da $F_Y(4) = 0{,}1 < 0{,}5$ und $F_Y(5) = 0{,}9 > 0{,}5$
d. h. 50 % der befragen Frauen kaufen das Produkt seit höchstens drei Jahren, mindestens 50 % der befragten Männer kaufen das Produkt seit höchstens fünf Jahren.

[3] $x_{\text{Modus}} = 2$ und $y_{\text{Modus}} = 5$ mit Formel 4
d. h. bei den befragten Frauen war zwei Jahre die häufigste Antwort, bei den befragten Männern war fünf Jahre die häufigste Antwort.

[4] $s_x = \sqrt{10{,}81} = 3{,}29$ und $s_y = \sqrt{0{,}2} = 0{,}45$ mit Formel 12 und Formel 18
d. h. bei den Frauen schwanken die Angaben stärker um den Durchschnittswert als bei den Männern. Oder anders ausgedrückt: Bei den Männern schwanken die Angaben weniger um den Durchschnittswert als bei den Frauen.

[b] $X \sim \mathrm{N}(\mu = 5{,}3; \sigma = 3{,}3)$

[1] $x = ?$ mit $0{,}75 = P(X \leq x) \Leftrightarrow 0{,}25 = P(X < x) = P(X \leq x)$

Formel-Navigator

Verwenden Sie hier Formel 80 und die Tabelle auf der Seite 192.

$$0{,}25 = P(X \leq x) = F_U\left(\frac{x - 5{,}3}{3{,}3}\right)$$

$$-0{,}6745 = \frac{x - 5{,}3}{3{,}3} \Leftrightarrow x = 5{,}3 - 0{,}6745 \cdot 3{,}3 = 3{,}07 \approx 3$$

d. h. etwa 75 % aller Kundinnen kaufen das Produkt seit mindestens drei Jahren.

[2] $x = ?$ mit $P(X \leq x) = 0{,}75$

Formel-Navigator

Verwenden Sie hier Formel 80 und die Tabelle auf der Seite 193.

$$0{,}75 = P(X \leq x) = F_U\left(\frac{x - 5{,}3}{3{,}3}\right)$$

$$0{,}6745 = \frac{x - 5{,}3}{3{,}3} \Leftrightarrow x = 5{,}3 + 0{,}6745 \cdot 3{,}3 = 7{,}53 \approx 7{,}5$$

d. h. etwa 75 % aller Kundinnen kaufen das Produkt seit höchstens $7\frac{1}{2}$ Jahren.

12.14

1. Lösungsweg:

X = BIP-Rate (in %)

Y = Dax 30

Arbeitstabelle:

i	x_i	y_i	$x_i \cdot y_i$	x_i^2	y_i^2
1	+4,1	6 914	28 347,4	16,81	47 803 396
2	+3,6	5 898	21 323,8	12,96	34 786 404
3	+0,4	7 612	3 044,8	0,16	57 942 544
4	+0,1	9 552	955,2	0,01	91 240 704
$n = 5$	+1,4	9 866	13 812,4	1,96	97 337 956
$\sum$	9,6	39 842	67 392,6	31,9	329 111 004

[a] In Abwandlung von Formel 8 ergibt sich:

$$\sqrt[2014-2010]{\frac{9\,866}{6\,914}} = \sqrt[4]{1{,}426960} = 1{,}092957$$

d. h. die durchschnittliche jährliche Steigerung des Dax 30 im Zeitraum 31.12.2010 bis 31.12.2014 beträgt etwa 9,3 %.

[b] $r = ?$

Formel-Navigator

Verwenden Sie hier Formel 53, Formel 56 und Formel 60.

$$b_1 = \frac{5 \cdot 67\,392{,}6 - 9{,}6 \cdot 39\,842}{5 \cdot 31{,}9 - 9{,}6^2} = \frac{-45\,520{,}2}{67{,}34} = -675{,}9756$$

$$b_2 = \frac{-45\,520{,}2}{5 \cdot 329\,111\,004 - 39\,842^2} = \frac{-45\,520{,}2}{58\,170\,056} = -0{,}000\,782\,536\,6$$

$$r = -\sqrt{-675{,}9756 \cdot -0{,}000\,782\,536\,6} = -\sqrt{0{,}528\,975\,6} = -0{,}727\,307\,1$$

d. h. mittelstarke negative Korrelation; d. h. mittelstarke Tendenz dafür, dass steigende BIP-Raten einhergehen mit sinkenden Dax-Index-Werten.

[c] Gesucht: $a_1 + b_1 \cdot 1{,}4 = ?$

Formel-Navigator

Verwenden Sie hier Formel 52 und Formel 54.

$$a_1 = \frac{39\,842 - (-675{,}9756) \cdot 9{,}6}{5} = 9\,266{,}2732$$

$9\,266{,}2732 + (-675{,}9756) \cdot 1{,}4 = 8\,319{,}907 \approx 8\,320$

d. h. gemäß der Methode der kleinsten Quadrate wäre mit einem Dax Index-Wert von etwa 8 320 zu rechnen. Da $1{,}4 \in [0{,}1; 4{,}1]$ liegt, ist 8 320 ein interpolierter Wert.

[d] Gesucht: $a_2 + b_2 \cdot 9\,960 = ?$

Formel-Navigator

Verwenden Sie hier Formel 55 und Formel 57.

$$a_2 = \frac{9{,}6 - (-0{,}000\,782\,536\,6) \cdot 39\,842}{5} = 8{,}155\,564\,938\,8$$

$8{,}155\,564\,938\,8 + (-0{,}000\,782\,536\,6) \cdot 9\,960 = 0{,}361\,500\,4 \approx 0{,}4$

d. h. gemäß der Methode der kleinsten Quadrate wäre mit einem BIP-Wachstum von etwa 0,4 % zu rechnen. Da $9\,960 \notin [5\,898; 9\,866]$ liegt, ist 0,4 ein extrapolierter Wert.

2. Lösungsweg:
X = BIP-Faktor
Y = Dax 30
Arbeitstabelle:

i	x_i	y_i	$x_i \cdot y_i$	x_i^2	y_i^2
1	1,041	6 914	7 197,474	1,083681	47 803 396
2	1,036	5 898	6 110,328	1,073296	34 786 404
3	1,004	7 612	7 642,448	1,008016	57 942 544
4	1,001	9 552	9 561,552	1,002001	91 240 704
$n = 5$	1,014	9 866	10 004,124	1,028196	97 337 956
$\sum$	5,096	39 842	40 515,93	5,19519	329 111 004

[a] In Abwandlung von Formel 8 ergibt sich:

$$\sqrt[2014-2010]{\frac{9\,866}{6\,914}} = \sqrt[4]{1{,}426960} = 1{,}092957$$

d. h. die durchschnittliche jährliche Steigerung des Dax 30 im Zeitraum 31.12.2010 bis 31.12.2014 beträgt etwa 9,3 %.

[b] $r = ?$

> **Formel-Navigator**
>
> Verwenden Sie hier Formel 53, Formel 56 und Formel 60.

$$b_1 = \frac{5 \cdot 40\,515{,}93 - 5{,}096 \cdot 39\,842}{5 \cdot 5{,}19519 - 5{,}096^2} = \frac{-455{,}202}{0{,}006734} = -67\,597{,}56$$

$$b_2 = \frac{-455{,}202}{5 \cdot 329\,111\,004 - 39\,842^2} = \frac{-455{,}202}{58\,170\,056} = -0{,}000\,007\,825\,366$$

$$r = -\sqrt{-67\,597{,}56 \cdot -0{,}000\,007\,825\,366} = -\sqrt{0{,}528\,975\,6} = -0{,}727$$

d. h. mittelstarke negative Korrelation; d. h. mittelstarke Tendenz dafür, dass steigende BIP-Raten einhergehen mit sinkenden Dax-Index-Werten.

[c] Gesucht: $a_1 + b_1 \cdot 1{,}014 = ?$

> **Formel-Navigator**
>
> Verwenden Sie hier Formel 52 und Formel 54.

$$a_1 = \frac{39\,842 - (-67\,597{,}56) \cdot 5{,}096}{5} = 76\,863{,}84$$

$76\,863{,}84 + (-67\,597{,}56) \cdot 1{,}014 = 8\,319{,}9 \approx 8\,320$

d. h. gemäß der Methode der kleinsten Quadrate wäre mit einem Dax Index-Wert von etwa 8 320 zu rechnen. Da $1{,}014 \in [1{,}001; 1{,}041]$ liegt, ist 8 320 ein interpolierter Wert.

[d] Gesucht: $a_2 + b_2 \cdot 9\,960 = ?$

> **Formel-Navigator**
>
> Verwenden Sie hier Formel 55 und Formel 57.

$$a_2 = \frac{5{,}096 - (-0{,}000\,007\,825\,366) \cdot 39\,842}{5} = 1{,}081\,556$$

$1{,}081\,556 + (-0{,}000\,007\,825\,366) \cdot 9\,960 = 1{,}003615 \approx 1{,}004$

d. h. gemäß der Methode der kleinsten Quadrate wäre mit einem BIP-Wachstum von etwa 0,4 % zu rechnen. Da $9\,960 \notin [5\,898; 9\,866]$ liegt, ist 0,4 ein extrapolierter Wert.

12.15

Z = Kölner geht zum Rosenmontagszug
K = Altersklasse 0 bis 12 Jahre
J = Altersklasse 13 bis 18 Jahre
E = Altersklasse 19 bis 50 Jahre
A = Altersklasse über 50 Jahre

[a] Gegeben sind die folgenden Wahrscheinlichkeiten:

Formel-Navigator

Verwenden Sie hier Formel 34.

$0{,}41 = P(Z \mid K)$ und $0{,}10 = P(K) \Rightarrow P(Z \cap K) = 0{,}41 \cdot 0{,}10 = 0{,}0410$
$0{,}72 = P(Z \mid J)$ und $0{,}06 = P(J) \Rightarrow P(Z \cap J) = 0{,}72 \cdot 0{,}06 = 0{,}0432$
$0{,}68 = P(Z \mid E)$ und $0{,}50 = P(E) \Rightarrow P(Z \cap E) = 0{,}68 \cdot 0{,}50 = 0{,}3400$
$0{,}54 = P(Z \mid A)$ und $0{,}34 = P(A) \Rightarrow P(Z \cap K) = 0{,}54 \cdot 0{,}34 = 0{,}1836$
Da die Ereignisse K, J, E, A eine Zerlegung darstellen, lässt sich eine Arbeitstabelle aufstellen:

	K	J	E	A	$\sum$
Z	0,0410	0,0432	0,3400	0,1836	0,6078
$\overline{Z}$	0,0590	0,0168	0,1600	0,1564	0,3922
$\sum$	0,10	0,06	0,50	0,34	1

[1] $P(K \mid Z) = ?$

Formel-Navigator

Verwenden Sie hier Formel 33.

$$P(K \mid Z) = \frac{0{,}0410}{0{,}6078} = 0{,}0675$$

d. h. 6,75 % der Kölner Rosenmontagszug-Besucher sind Kinder.

[2] $P(J \mid Z) = \dfrac{0{,}0432}{0{,}6078} = 0{,}0711$ mit Formel 33

d. h. 7,11 % der Kölner Rosenmontagszug-Besucher sind Jugendliche.

[3] $P(E \mid Z) = \dfrac{0{,}3400}{0{,}6078} = 0{,}5594$ mit Formel 33

d. h. 55,94 % der Kölner Rosenmontagszug-Besucher sind Erwachsene bis 50 Jahre.

[4] $P(A \mid Z) = \dfrac{0{,}1836}{0{,}6078} = 0{,}3021$ mit Formel 33

d. h. 30,21 % der Kölner Rosenmontagszug-Besucher sind Erwachsene über 50 Jahre.

[b] Gegeben sind die folgenden Wahrscheinlichkeiten:
$0{,}10 = P(K)$
$0{,}06 = P(J)$
$0{,}50 = P(E)$
$0{,}34 = P(A)$
$0{,}6078 = P(Z)$

Formel-Navigator

Verwenden Sie hier Formel 34.

$0{,}0675 = P(K \mid Z) \Rightarrow P(Z \cap K) = 0{,}0675 \cdot 0{,}6078 = 0{,}0410$
$0{,}0711 = P(J \mid Z) \Rightarrow P(Z \cap J) = 0{,}0711 \cdot 0{,}6078 = 0{,}0432$
$0{,}5594 = P(E \mid Z) \Rightarrow P(Z \cap E) = 0{,}5594 \cdot 0{,}6078 = 0{,}3400$
$0{,}3021 = P(A \mid Z) \Rightarrow P(Z \cap A) = 0{,}3021 \cdot 0{,}6078 = 0{,}1836$
Da die Ereignisse K, J, E, A eine Zerlegung darstellen, lässt sich eine Arbeitstabelle aufstellen:

	K	J	E	A	$\sum$
Z	0,0410	0,0432	0,3400	0,1836	0,6078
$\overline{Z}$	0,0590	0,0168	0,1600	0,1564	0,3922
$\sum$	0,10	0,06	0,50	0,34	1

[1] $P(Z \mid K) = ?$

Formel-Navigator

Verwenden Sie hier Formel 33.

$$P(Z \mid K) = \frac{0{,}0410}{0{,}10} = 0{,}41$$

d. h. 41 % der Kölner Kinder gehen zum Zug.

[2] $P(Z \mid J) = \dfrac{0{,}0432}{0{,}06} = 0{,}72$ mit Formel 33

d. h. 72 % der Kölner Jugendlichen gehen zum Zug.

[3] $P(Z \mid E) = \dfrac{0{,}3400}{0{,}50} = 0{,}68$ mit Formel 33

d. h. 68 % der Kölner 19 – 50-Jährigen gehen zum Zug.

[4] $P(Z \mid A) = \dfrac{0{,}1836}{0{,}34} = 0{,}54$ mit Formel 33

d. h. 54 % der Kölner über 50-Jährigen gehen zum Zug.

Das sollten Sie wissen!

Beim Zentralen Grenzwertsatz wird unterschieden, ob eine Binomialverteilung vorliegt oder nicht:

- Liegt eine Binomialverteilung vor, so werden Wahrscheinlichkeiten mit der Formel 30 bzw. Formel 71 näherungsweise berechnet.
- Liegt keine Binomialverteilung vor, so werden Wahrscheinlichkeiten mit der Formel 81 bzw. Formel 82 näherungsweise berechnet.

12.16

X = Höhe der Entschädigungszahlungen (in €) der Eisenbahngesellschaft pro Zugfahrt

x	0	$40 \cdot 20$ € = 800 €	$40 \cdot 30$ € = 1 200 €
$P(X = x)$	0,915	0,08	0,005

[a] $E[X] = ?$

Formel-Navigator

Verwenden Sie hier Formel 42.

$E[X] = 0 \cdot 0{,}915 + 800 \cdot 0{,}08 + 1\,200 \cdot 0{,}005 = 70$
d. h. pro Zugfahrt muss die Eisenbahngesellschaft mit einer Entschädigungshöhe von 70 € rechnen.

[b] $Var[X] = ?$

Formel-Navigator

Verwenden Sie hier Formel 43.

$Var[X] = (0 - 70)^2 \cdot 0{,}915 + (800 - 70)^2 \cdot 0{,}08 + (1\,200 - 70)^2 \cdot 0{,}005 = 53\,500$
d. h. die Varianz beträgt 53 500.

[c] $P(X_1 + \ldots + X_{100} \leq 12\,000) = ?$

Formel-Navigator

Verwenden Sie hier Formel 81 und die Tabelle auf der Seite 193.

$$P(X_1 + \ldots + X_{100} \leq 12\,000) \approx F_U\left(\frac{12\,000 - 100 \cdot 70}{\sqrt{100 \cdot 53\,500}}\right) = F_U\left(\frac{12\,000 - 7\,000}{2\,313{,}0067}\right) = F_U(2{,}1617) = 0{,}985$$

d. h. die Wahrscheinlichkeit beträgt 0,985.

[d] $x = ?$ mit $0{,}90 = P(X_1 + \ldots + X_{100} \geq x) \Leftrightarrow 0{,}10 = P(X_1 + \ldots + X_{100} < x)$

Formel-Navigator

Verwenden Sie hier Formel 81 und die Tabelle auf der Seite 192.

Die Formel 81 erlaubt nur die Berechnung von Ereignissen der Form $\{X_1 + \ldots + X_n \leq x\}$. Da wir jetzt nicht wie bei einer Binomialverteilung die Umformung $P(Y < y) = P(Y \leq y - 1)$ vornehmen können, berechnen wir zunächst den x-Wert mit $0{,}10 = P(X_1 + \ldots + X_{100} \leq x)$ und runden dann das Endergebnis großzügig.

$$0{,}10 = P(X_1 + \ldots + X_{100} \leq x) = F_U\left(\frac{x - 7\,000}{2\,313{,}0067}\right)$$

$$-1{,}2816 = \frac{x - 7\,000}{2\,313{,}0067} \Leftrightarrow x = 7\,000 - 1{,}2816 \cdot 2\,313{,}0067 = 4\,035{,}65$$

d. h. bei 100 Zugfahrten muss die Eisenbahngesellschaft mit der Wahrscheinlichkeit von 0,90 mit einer Entschädigungshöhe von mindestens etwa 4 040 € rechnen.

Formeln

Kennzahlen aus Daten

Bezeichnungen

x_j^*	Obergrenze der Einfallsklasse
x_{j-1}^*	Untergrenze der Einfallsklasse
$\frac{n_j}{n}$	relative Häufigkeit der Einfallsklasse
b_j	$x_j^* - x_{j-1}^*$ Breite der Einfallsklasse
F	kumulierte relative Häufigkeiten

Anteilswerte

$$F(x) \approx F(x_{j-1}^*) + \frac{n_j/n}{b_j} \cdot (x - x_{j-1}^*), \text{ für } x \in (x_{j-1}^*; x_j^*] \tag{1}$$

Prozentpunkte (p-Quantile)

$$x_p \approx x_{j-1}^* + \frac{p - F(x_{j-1}^*)}{n_j/n} \cdot b_j, \text{ für } p \in \left(F(x_{j-1}^*); F(x_j^*)\right] \tag{2}$$

Median

$$x_{0,50} = 50\ \%\text{-Punkt} \tag{3}$$

Modus

$$\text{häufigster bzw. dichtester Wert} \tag{4}$$

Arithmetisches Mittel aus Einzelwerten

$$\overline{x} = \frac{1}{n} \sum_{i=1}^{n} x_i \tag{5}$$

Arithmetisches Mittel aus tabellierten Daten

$$\overline{x} = \frac{1}{n} \sum_{i=1}^{m} x_i \cdot n_i \tag{6}$$

Arithmetisches Mittel aus klassierten Daten

$$\overline{x} \approx \frac{1}{n} \sum_{j=1}^{k} x'_j \cdot n_j, \text{ mit } x'_j = \text{ Klassenmitte} \tag{7}$$

Geometrisches Mittel aus Einzelwerten

$$\overline{x}_G = \sqrt[n]{x_1 \cdot x_2 \cdot \ldots \cdot x_n} = \sqrt[n]{\prod_{i=1}^{n} x_i}, \text{ mit } x_i > 0 \text{ für alle } i \tag{8}$$

Harmonisches Mittel

$$\overline{x}_H = \frac{n}{\sum_{i=1}^{n} \frac{1}{x_i}} \tag{9}$$

Spannweite aus Einzelwerten

$$R = \max\{x_1, \ldots, x_n\} - \min\{x_1, \ldots, x_n\} = x_{(n)} - x_{(1)} \tag{10}$$

Quartilsabstand

$$Q \approx x_{0,75} - x_{0,25} \tag{11}$$

Varianz aus Einzelwerten

$$s_x^2 = \frac{1}{n} \sum_{i=1}^{n} (x_i - \overline{x})^2 = \left(\frac{1}{n} \sum_{i=1}^{n} x_i^2 \right) - (\overline{x})^2 \tag{12}$$

$$\text{oder } \frac{1}{n-1} \sum_{i=1}^{n} (x_i - \overline{x})^2 \tag{13}$$

Varianz aus tabellierten Daten

$$s_x^2 = \frac{1}{n} \sum_{i=1}^{m} (x_i - \overline{x})^2 \cdot n_i = \left(\frac{1}{n} \sum_{i=1}^{m} x_i^2 \cdot n_i \right) - (\overline{x})^2 \tag{14}$$

$$\text{oder } \frac{1}{n-1} \sum_{i=1}^{m} (x_i - \overline{x})^2 \cdot n_i \tag{15}$$

Varianz aus klassierten Daten

$$s_x^2 \approx \frac{1}{n}\sum_{j=1}^{k}(x_j' - \overline{x})^2 \cdot n_j = \left(\frac{1}{n}\sum_{j=1}^{k}(x_j')^2 \cdot n_j\right) - (\overline{x})^2 \tag{16}$$

$$\text{oder } \frac{1}{n-1}\sum_{j=1}^{k}(x_j' - \overline{x})^2 \cdot n_j \tag{17}$$

Standardabweichung

$$s_x = \sqrt{s_x^2} \tag{18}$$

Variationskoeffizient

$$v = \frac{s_x}{\overline{x}} \tag{19}$$

Relativer Quartilsabstand

$$\frac{x_{0,75} - x_{0,25}}{x_{0,50}} \tag{20}$$

Anzahl der Permutationen

des n-Tupels $(1, \ldots, n)$

$$n! = 1 \cdot 2 \cdot 3 \cdot \ldots \cdot n \tag{21}$$

des n-Tupels $(\underbrace{1, 1, \ldots, 1}_{n_1\text{-mal}}, \underbrace{2, 2, \ldots, 2}_{n_2\text{-mal}}, \ldots, \underbrace{k, k, \ldots, k}_{n_k\text{-mal}})$

$$\frac{n!}{n_1! \cdot n_2! \cdot \ldots \cdot n_k!} \tag{22}$$

Ziehen von k Elementen aus n Elementen

ohne Zurücklegen mit Berücksichtigung der Reihenfolge

$$\frac{n!}{(n-k)!} \tag{23}$$

mit Zurücklegen mit Berücksichtigung der Reihenfolge

$$n^k \tag{24}$$

ohne Zurücklegen ohne Berücksichtigung der Reihenfolge

$$\binom{n}{k} \tag{25}$$

mit Zurücklegen ohne Berücksichtigung der Reihenfolge

$$\binom{n+k-1}{k} \tag{26}$$

Wahrscheinlichkeiten

Bezeichnungen

S	Stichprobenraum
A	Ereignis
B	Ereignis
B_1	Ereignis
$\vdots$	
B_k	Ereignis

Allgemeine Regeln nach A. Kolmogorov

$$0 \leq P(A) \leq 1 \tag{27}$$

$$P(\mathsf{S}) = 1 \tag{28}$$

$$P(A \cup B) = P(A) + P(B) \text{ ; wenn } A \cap B = \emptyset \tag{29}$$

Klassischer Wahrscheinlichkeitsbegriff nach P. Laplace

$$P(A) = \frac{\sharp A}{\sharp \mathsf{S}} = \frac{\text{Anzahl der für } A \text{ günstigen Ergebnisse}}{\text{Anzahl aller gleich möglichen Ergebnisse}} \tag{30}$$

Statistischer Wahrscheinlichkeitsbegriff nach R. von Mises

$$P(A) = \lim_{n \to \infty} \frac{n(A)}{n} \tag{31}$$

Additionssatz

$$P(A \cup B) = P(A) + P(B) - P(A \cap B) \tag{32}$$

Bedingte Wahrscheinlichkeit

$$P(A \mid B) = \frac{P(A \cap B)}{P(B)}, \text{ für } P(B) > 0 \tag{33}$$

Allgemeiner Multiplikationssatz

$$P(A \cap B) = P(A \mid B) \cdot P(B) = P(B \mid A) \cdot P(A) \tag{34}$$

Stochastisch unabhängige Ereignisse

$$P(A \mid B) = P(A) \tag{35}$$

$$P(A \cap B) = P(A) \cdot P(B) \tag{36}$$

Satz von der totalen Wahrscheinlichkeit

$$P(A) = \sum_{i=1}^{k} P(B_i) \cdot P(A \mid B_i) \tag{37}$$

Satz von Bayes

$$P(B_i \mid A) = \frac{P(A \mid B_i) \cdot P(B_i)}{P(A \mid B_1) \cdot P(B_1) + \ldots + P(A \mid B_k) \cdot P(B_k)} \tag{38}$$

Diskrete Zufallsvariablen

Bezeichnungen

X	Zufallsvariable
Y	Zufallsvariable
$F(x) = P(X \leq x)$	Verteilungsfunktion
x_i	mögliche angeordnete Werte der diskreten Zufallsvariablen X
y_j	mögliche angeordnete Werte der diskreten Zufallsvariablen Y

Einzelwahrscheinlichkeiten

$$f(x_i) = P(X = x_i), \text{ mit } \sum_i f(x_i) = 1 \tag{39}$$

Verteilungsfunktion an der Stelle x_i

$$F(x_i) = P(X \leq x_i) = f(x_1) + f(x_2) + \ldots + f(x_i) \tag{40}$$

Stochastische Unabhängigkeit

$$P(X = x_i \cap Y = y_j) = P(X = x_i) \cdot P(Y = y_j), \text{ für alle } x_i, y_j \tag{41}$$

Erwartungswert

$$\mu_X = E[X] = \sum_i x_i \cdot P(X = x_i) \tag{42}$$

Varianz

$$\sigma_X^2 = Var[X] = \sum_i (x_i - E[X])^2 \cdot P(X = x_i) = \sum_i x_i^2 P(X = x_i) - (E[X])^2 \tag{43}$$

Standardabweichung

$$\sigma_X = \sqrt{Var[X]} \tag{44}$$

Stetige Zufallsvariablen

Bezeichnungen

X	Zufallsvariable
$F(x) = P(X \leq x)$	Verteilungsfunktion

Dichtefunktion

$$f(x) \geq 0 \text{ mit } \int_{-\infty}^{+\infty} f(x)\, d(x) = 1 \tag{45}$$

Verteilungsfunktion an der Stelle x_0

$$F(x_0) = P(X \leq x_0) = \int_{-\infty}^{x_0} f(x)\, d(x) \tag{46}$$

Erwartungswert

$$\mu_X = E[X] = \int_{-\infty}^{+\infty} x \cdot f(x)\, d(x) \tag{47}$$

Varianz

$$\sigma_X^2 = Var[X] = \int_{-\infty}^{+\infty} (x - E[X])^2 \cdot f(x)\, d(x) \tag{48}$$

Standardabweichung

$$\sigma_X = \sqrt{Var[X]} \tag{49}$$

Kovarianz

aus Einzelwerten

$$s_{xy} = \frac{1}{n}\sum_{i=1}^{n}(x_i - \overline{x})(y_i - \overline{y}) = \left(\frac{1}{n}\sum_{i=1}^{n} x_i \cdot y_i\right) - \overline{x} \cdot \overline{y} \tag{50}$$

aus tabellierten Daten

$$s_{xy} = \frac{1}{n}\sum_{i=1}^{m}\sum_{j=1}^{q}(x_i - \overline{x})(y_j - \overline{y}) \cdot n_{i,j} = \left(\frac{1}{n}\sum_{i=1}^{m}\sum_{j=1}^{q} x_i \cdot y_j \cdot n_{i,j}\right) - \overline{x} \cdot \overline{y} \tag{51}$$

Lineare Regression von Y auf X

Regressionsgerade

$$\widehat{y}_i = a_1 + b_1 \cdot x_i \tag{52}$$

Regressionskoeffizient

$$b_1 = \frac{s_{xy}}{s_x^2} = \frac{n \cdot \left(\sum_{i=1}^{n} x_i \cdot y_i\right) - \left(\sum_{i=1}^{n} x_i\right) \cdot \left(\sum_{i=1}^{n} y_i\right)}{n \cdot \left(\sum_{i=1}^{n} x_i^2\right) - \left(\sum_{i=1}^{n} x_i\right)^2} \tag{53}$$

Konstante

$$a_1 = \overline{y} - b_1 \cdot \overline{x} = \frac{\left(\sum_{i=1}^{n} y_i\right) - b_1 \cdot \left(\sum_{i=1}^{n} x_i\right)}{n} \tag{54}$$

Lineare Regression von X auf Y

Regressionsgerade

$$\widehat{x}_i = a_2 + b_2 \cdot y_i \tag{55}$$

Formeln

Regressionskoeffizient

$$b_2 = \frac{s_{xy}}{s_y^2} = \frac{n \cdot \left(\sum_{i=1}^{n} x_i \cdot y_i\right) - \left(\sum_{i=1}^{n} x_i\right) \cdot \left(\sum_{i=1}^{n} y_i\right)}{n \cdot \left(\sum_{i=1}^{n} y_i^2\right) - \left(\sum_{i=1}^{n} y_i\right)^2} \tag{56}$$

Konstante

$$a_2 = \overline{x} - b_2 \cdot \overline{y} = \frac{\left(\sum_{i=1}^{n} x_i\right) - b_2 \cdot \left(\sum_{i=1}^{n} y_i\right)}{n} \tag{57}$$

Korrelation

Korrelationskoeffizient von Bravais-Pearson

$$r_{xy} = \frac{s_{xy}}{s_x \cdot s_y} = \frac{n \cdot \left(\sum_{i=1}^{n} x_i \cdot y_i\right) - \left(\sum_{i=1}^{n} x_i\right) \cdot \left(\sum_{i=1}^{n} y_i\right)}{\sqrt{\left[n \cdot \left(\sum_{i=1}^{n} x_i^2\right) - \left(\sum_{i=1}^{n} x_i\right)^2\right] \cdot \left[n \cdot \left(\sum_{i=1}^{n} y_i^2\right) - \left(\sum_{i=1}^{n} y_i\right)^2\right]}} \tag{58}$$

wobei $-1 \leq r_{xy} \leq +1$

Bestimmtheitsmaß

$$B = \frac{b_1^2 \cdot s_x^2}{s_y^2} = \frac{b_2^2 \cdot s_y^2}{s_x^2} \tag{59}$$

$$B = (r_{xy})^2 = b_1 \cdot b_2, \text{ wobei } 0 \leq B \leq +1 \tag{60}$$

Indizes

Bezeichnungen

- q Menge
- p Preis je Mengeneinheit
- 0 Basisjahr
- t Berichtsjahr
- i Laufindex der m Güter

Wertindex

$$W = \frac{\sum_{i=1}^{m} p_i^t \, q_i^t}{\sum_{i=1}^{m} p_i^0 \, q_i^0} \tag{61}$$

Mengenindex nach Laspeyres

$$Q^{La} = \frac{\sum_{i=1}^{m} p_i^0 \, q_i^t}{\sum_{i=1}^{m} p_i^0 \, q_i^0} = \sum_{i=1}^{m} \left(\frac{q_i^t}{q_i^0}\right) \cdot \left(\frac{p_i^0 \, q_i^0}{\sum_{j=1}^{m} p_j^0 \, q_j^0}\right) \tag{62}$$

Mengenindex nach Paasche

$$Q^{Pa} = \frac{\sum_{i=1}^{m} p_i^t \, q_i^t}{\sum_{i=1}^{m} p_i^t \, q_i^0} = \sum_{i=1}^{m} \left(\frac{q_i^t}{q_i^0}\right) \cdot \left(\frac{p_i^t \, q_i^0}{\sum_{j=1}^{m} p_j^t \, q_j^0}\right) \tag{63}$$

Preisindex nach Laspeyres

$$P^{La} = \frac{\sum_{i=1}^{m} p_i^t \, q_i^0}{\sum_{i=1}^{m} p_i^0 \, q_i^0} = \sum_{i=1}^{m} \left(\frac{p_i^t}{p_i^0}\right) \cdot \left(\frac{p_i^0 \, q_i^0}{\sum_{j=1}^{m} p_j^0 \, q_j^0}\right) \tag{64}$$

Preisindex nach Paasche

$$P^{Pa} = \frac{\sum_{i=1}^{m} p_i^t \, q_i^t}{\sum_{i=1}^{m} p_i^0 \, q_i^t} = \sum_{i=1}^{m} \left(\frac{p_i^t}{p_i^0}\right) \cdot \left(\frac{p_i^0 \, q_i^t}{\sum_{j=1}^{m} p_j^0 \, q_j^t}\right) \tag{65}$$

Zusammenhang von Wert-, Mengen- und Preisindex

$$W = P^{La} \cdot Q^{Pa} = P^{Pa} \cdot Q^{La} \tag{66}$$

Binomialverteilung $X \sim \mathbf{B}(n; p)$

Einzelwahrscheinlichkeiten

$$P(X = x) = \binom{n}{x} \cdot p^x (1-p)^{n-x}; \quad x = 0, 1, 2, \ldots, n \tag{67}$$

Erwartungswert

$$E[X] = n \cdot p \tag{68}$$

Standardabweichung

$$\sqrt{Var[X]} = \sqrt{n \cdot p \cdot (1-p)} \tag{69}$$

Näherungslösung durch Normalverteilung

$$P(X \leq x) \approx P\left(U \leq \frac{x + 0{,}5 - np}{\sqrt{np(1-p)}}\right) = F_U\left(\frac{x + 0{,}5 - np}{\sqrt{np(1-p)}}\right) \tag{70}$$

wenn $np \geq 10$ und $n(1-p) \geq 10$

$$P(X = x) \approx F_U\left(\frac{x + 0{,}5 - np}{\sqrt{np(1-p)}}\right) - F_U\left(\frac{x - 0{,}5 - np}{\sqrt{np(1-p)}}\right) \tag{71}$$

wenn $np \geq 10$ und $n(1-p) \geq 10$

Hypergeometrische Verteilung $X \sim \mathbf{H}(N; M; n)$

Einzelwahrscheinlichkeiten

$$P(X = x) = \frac{\binom{M}{x}\binom{N-M}{n-x}}{\binom{N}{n}}, \text{ für } \max\{0, n-(N-M)\} \leq x \leq \min\{n, M\} \tag{72}$$

Erwartungswert

$$E[X] = n \cdot \frac{M}{N} \tag{73}$$

Standardabweichung

$$\sqrt{Var[X]} = \sqrt{n \cdot \frac{M}{N} \cdot \left(1 - \frac{M}{N}\right) \cdot \frac{N-n}{N-1}} \tag{74}$$

Näherungslösung durch Binomialverteilung

$$P(X = x) \approx \binom{n}{x} \cdot \left(\frac{M}{N}\right)^x \left(1 - \frac{M}{N}\right)^{n-x} \text{; wenn } \frac{n}{N} \leq 0{,}05 \tag{75}$$

Normalverteilung $X \sim \mathrm{N}(\mu; \sigma)$

Dichtefunktion

$$f(x) = \frac{1}{\sigma \cdot \sqrt{2\pi}}\, e^{-\frac{(x-\mu)^2}{2\sigma^2}} \text{; } x \in (-\infty; +\infty) \tag{76}$$

mit $\pi = 3{,}14\ldots$ und $e = 2{,}71828\ldots$

Erwartungswert

$$E[X] = \mu \tag{77}$$

Standardabweichung

$$\sqrt{Var[X]} = \sigma \tag{78}$$

Standardisierung der Zufallsvariablen X

$$U = \frac{X - \mu}{\sigma} \text{ mit } U \sim \mathrm{N}(0; 1) \tag{79}$$

$$P(X \leq x) = P\left(U \leq \frac{x-\mu}{\sigma}\right) = F_U\left(\frac{x-\mu}{\sigma}\right) \text{, tabelliert} \tag{80}$$

Zentraler Grenzwertsatz

$$P\left(\sum_{i=1}^{n} X_i \leq x\right) \approx P\left(U \leq \frac{x - n\mu}{\sqrt{n\sigma^2}}\right) = F_U\left(\frac{x - n\mu}{\sqrt{n\sigma^2}}\right) \tag{81}$$

$$P(\overline{X} \leq x) \approx P\left(U \leq \frac{x-\mu}{\frac{\sigma}{\sqrt{n}}}\right) = F_U\left(\frac{x-\mu}{\frac{\sigma}{\sqrt{n}}}\right) \tag{82}$$

mit $E[X] = \mu$ und $\sqrt{Var[X]} = \sigma \in (0; \infty)$

Konfidenzintervalle

Bezeichnungen

$1 - \alpha$	Konfidenzniveau
u	$(1 - \frac{\alpha}{2})$–Quantil der Standard-Normalverteilung
$2 \cdot \varepsilon$	Breite des Konfidenzintervalls

Für den Mittelwert $E[X]$

$$\left[\overline{x} - u \cdot \frac{\sigma}{\sqrt{n}} \, ; \, \overline{x} + u \cdot \frac{\sigma}{\sqrt{n}}\right] , \text{ falls } X \sim \mathrm{N}(\mu; \sigma) \tag{83}$$

Mindeststichprobenumfang

$$n \geq \frac{u^2 \cdot \sigma^2}{\epsilon^2} \tag{84}$$

Approximativ für den Mittelwert $E[X]$

$$\left[\overline{x} - u \cdot \frac{s_x}{\sqrt{n}} \, ; \, \overline{x} + u \cdot \frac{s_x}{\sqrt{n}}\right] , \text{ falls } n \geq 30 \tag{85}$$

Mindeststichprobenumfang

$$n \geq \frac{u^2 \cdot s_{\text{alt}}^2}{\varepsilon^2} \tag{86}$$

Approximativ für den Anteilswert p

$$\left[\frac{\widehat{p} + \frac{u^2}{2n} - u \cdot \sqrt{\frac{\widehat{p}(1-\widehat{p})}{n} + \frac{u^2}{4n^2}}}{1 + \frac{u^2}{n}} \, ; \, \frac{\widehat{p} + \frac{u^2}{2n} + u \cdot \sqrt{\frac{\widehat{p}(1-\widehat{p})}{n} + \frac{u^2}{4n^2}}}{1 + \frac{u^2}{n}}\right] , \text{ falls } n \geq 10 \tag{87}$$

$$\left[\widehat{p} - u \cdot \sqrt{\frac{\widehat{p}(1-\widehat{p})}{n}} \, ; \, \widehat{p} + u \cdot \sqrt{\frac{\widehat{p}(1-\widehat{p})}{n}}\right] , \text{ falls } n \geq 100 \tag{88}$$

Mindeststichprobenumfang

$$n \geq \frac{u^2 \cdot \widehat{p}_{\text{alt}}(1 - \widehat{p}_{\text{alt}})}{\varepsilon^2} \tag{89}$$

$$n \geq \frac{u^2 \cdot 0{,}25}{\varepsilon^2} \tag{90}$$

Statistische Tests

Gaußtest (zweiseitig)

$H_0 : E[X] = \mu_0$ gegen $H_1 : E[X] \neq \mu_0$
Ablehnung von $H_0 \Leftrightarrow p$-Wert $\leq \alpha$,
falls X normalverteilt ist mit der bekannten theoretischen Varianz σ^2.

$$p\text{-Wert } = 2 \cdot F_U\left(- \left| \frac{\overline{x} - \mu_0}{\sigma/\sqrt{n}} \right|\right) \tag{91}$$

t-Test (zweiseitig)

$H_0 : E[X] = \mu_0$ gegen $H_1 : E[X] \neq \mu_0$
Ablehnung von $H_0 \Leftrightarrow p$-Wert $\leq \alpha$,
falls der Stichprobenumfang n mindestens 30 beträgt.

$$p\text{-Wert} \approx 2 \cdot F_U\left(-\mid \frac{\overline{x} - \mu_0}{s/\sqrt{n}} \mid\right) \tag{92}$$

Chi-Quadrat-Unabhängigkeitstest

$H_0 : X, Y$ sind stochastisch unabhängig
gegen
$H_1 : X, Y$ sind abhängig
Ablehnung von $H_0 \Leftrightarrow p$-Wert $\leq \alpha$

Faustregel: In der Kontingenztabelle dürfen höchstens 20 % aller Zellen eine erwartete Häufigkeit kleiner als fünf haben. Und die minimale erwartete Häufigkeit muss mindestens eins betragen.

Der Freiheitsgrad df einer Kontingenztabelle mit I Zeilen und J Spalten beträgt $df = (I-1)(J-1)$.

$$\chi^2_{\text{emp.}} = \sum_{i=1}^{I}\sum_{j=1}^{J} \frac{\left(\mid n_{ij} - \frac{n_{i\bullet} \cdot n_{\bullet j}}{n} \mid -0{,}5\right)^2}{\frac{n_{i\bullet} \cdot n_{\bullet j}}{n}}, \text{ falls } df = 1 \tag{93}$$

$$\chi^2_{\text{emp.}} = \sum_{i=1}^{I}\sum_{j=1}^{J} \frac{\left(n_{ij} - \frac{n_{i\bullet} \cdot n_{\bullet j}}{n}\right)^2}{\frac{n_{i\bullet} \cdot n_{\bullet j}}{n}}, \text{ falls } df > 1 \tag{94}$$

Falls $\chi^2_{\text{emp.}}$ gleich oder größer ist als der obere α-Prozentpunkt der Chi-Quadratverteilung mit $(I-1)(J-1)$ Freiheitsgraden, wird die Nullhypothese abgelehnt.

Chi-Quadrat-Anpassungstest

H_0 : Die Variable hat die Verteilung F
gegen
H_1 : Die Variable hat nicht die Verteilung F
Ablehnung von $H_0 \Leftrightarrow p$-Wert $\leq \alpha$,
wobei F eine spezifische theoretische Verteilungsfunktion mit $I \in \{1, 2, 3, \ldots\}$ spezifischen Einzelwahrscheinlichkeiten $p_1, p_2, \ldots, p_I$ ist.

Faustregel: $n \cdot p_i \geq 5$ für alle $i = 1, 2, \ldots, I$

$$\chi^2_{\text{emp.}} = \sum_{i=1}^{I} \frac{(n_i - n \cdot p_i)^2}{n \cdot p_i} \tag{95}$$

Falls $\chi^2_{emp.}$ gleich oder größer ist als der obere α-Prozentpunkt der Chi-Quadratverteilung mit $(I - 1 - m)$ Freiheitsgraden, wird die Nullhypothese abgelehnt, wobei m die Anzahl der zu schätzenden Parameter bezeichnet.

Tabellen

Verteilungsfunktion der Standard-Normalverteilung

Ablesebeispiel: $P(U \leq u) = 0{,}164 \quad \Rightarrow \quad u = -0{,}9782$

$u = -0{,}9822 \quad \Rightarrow \quad P(U \leq u) = 0{,}163$

Wkt.	,000	,001	,002	,003	,004	,005	,006	,007	,008	,009
0,00		-3,0902	-2,8782	-2,7478	-2,6521	-2,5758	-2,5121	-2,4573	-2,4089	-2,3656
0,01	-2,3263	-2,2904	-2,2571	-2,2262	-2,1973	-2,1701	-2,1444	-2,1201	-2,0969	-2,0749
0,02	-2,0537	-2,0335	-2,0141	-1,9954	-1,9774	-1,9600	-1,9431	-1,9268	-1,9110	-1,8957
0,03	-1,8808	-1,8663	-1,8522	-1,8384	-1,8250	-1,8119	-1,7991	-1,7866	-1,7744	-1,7624
0,04	-1,7507	-1,7392	-1,7279	-1,7169	-1,7060	-1,6954	-1,6849	-1,6747	-1,6646	-1,6546
0,05	-1,6449	-1,6352	-1,6258	-1,6164	-1,6072	-1,5982	-1,5893	-1,5805	-1,5718	-1,5632
0,06	-1,5548	-1,5464	-1,5382	-1,5301	-1,5220	-1,5141	-1,5063	-1,4985	-1,4909	-1,4833
0,07	-1,4758	-1,4684	-1,4611	-1,4538	-1,4466	-1,4395	-1,4325	-1,4255	-1,4187	-1,4118
0,08	-1,4051	-1,3984	-1,3917	-1,3852	-1,3787	-1,3722	-1,3658	-1,3595	-1,3532	-1,3469
0,09	-1,3408	-1,3346	-1,3285	-1,3225	-1,3165	-1,3106	-1,3047	-1,2988	-1,2930	-1,2873
0,10	-1,2816	-1,2759	-1,2702	-1,2646	-1,2591	-1,2536	-1,2481	-1,2426	-1,2372	-1,2319
0,11	-1,2265	-1,2212	-1,2160	-1,2107	-1,2055	-1,2004	-1,1952	-1,1901	-1,1850	-1,1800
0,12	-1,1750	-1,1700	-1,1650	-1,1601	-1,1552	-1,1503	-1,1455	-1,1407	-1,1359	-1,1311
0,13	-1,1264	-1,1217	-1,1170	-1,1123	-1,1077	-1,1031	-1,0985	-1,0939	-1,0893	-1,0848
0,14	-1,0803	-1,0758	-1,0714	-1,0669	-1,0625	-1,0581	-1,0537	-1,0494	-1,0450	-1,0407
0,15	-1,0364	-1,0322	-1,0279	-1,0237	-1,0194	-1,0152	-1,0110	-1,0069	-1,0027	-0,9986
0,16	-0,9945	-0,9904	-0,9863	-0,9822	-0,9782	-0,9741	-0,9701	-0,9661	-0,9621	-0,9581
0,17	-0,9542	-0,9502	-0,9463	-0,9424	-0,9385	-0,9346	-0,9307	-0,9269	-0,9230	-0,9192
0,18	-0,9154	-0,9116	-0,9078	-0,9040	-0,9002	-0,8965	-0,8927	-0,8890	-0,8853	-0,8816
0,19	-0,8779	-0,8742	-0,8705	-0,8669	-0,8633	-0,8596	-0,8560	-0,8524	-0,8488	-0,8452
0,20	-0,8416	-0,8381	-0,8345	-0,8310	-0,8274	-0,8239	-0,8204	-0,8169	-0,8134	-0,8099
0,21	-0,8064	-0,8030	-0,7995	-0,7961	-0,7926	-0,7892	-0,7858	-0,7824	-0,7790	-0,7756
0,22	-0,7722	-0,7688	-0,7655	-0,7621	-0,7588	-0,7554	-0,7521	-0,7488	-0,7454	-0,7421
0,23	-0,7388	-0,7356	-0,7323	-0,7290	-0,7257	-0,7225	-0,7192	-0,7160	-0,7128	-0,7095
0,24	-0,7063	-0,7031	-0,6999	-0,6967	-0,6935	-0,6903	-0,6871	-0,6840	-0,6808	-0,6776
0,25	-0,6745	-0,6713	-0,6682	-0,6651	-0,6620	-0,6588	-0,6557	-0,6526	-0,6495	-0,6464
0,26	-0,6433	-0,6403	-0,6372	-0,6341	-0,6311	-0,6280	-0,6250	-0,6219	-0,6189	-0,6158
0,27	-0,6128	-0,6098	-0,6068	-0,6038	-0,6008	-0,5978	-0,5948	-0,5918	-0,5888	-0,5858
0,28	-0,5828	-0,5799	-0,5769	-0,5740	-0,5710	-0,5681	-0,5651	-0,5622	-0,5592	-0,5563
0,29	-0,5534	-0,5505	-0,5476	-0,5446	-0,5417	-0,5388	-0,5359	-0,5330	-0,5302	-0,5273
0,30	-0,5244	-0,5215	-0,5187	-0,5158	-0,5129	-0,5101	-0,5072	-0,5044	-0,5015	-0,4987
0,31	-0,4959	-0,4930	-0,4902	-0,4874	-0,4845	-0,4817	-0,4789	-0,4761	-0,4733	-0,4705
0,32	-0,4677	-0,4649	-0,4621	-0,4593	-0,4565	-0,4538	-0,4510	-0,4482	-0,4454	-0,4427
0,33	-0,4399	-0,4372	-0,4344	-0,4316	-0,4289	-0,4261	-0,4234	-0,4207	-0,4179	-0,4152
0,34	-0,4125	-0,4097	-0,4070	-0,4043	-0,4016	-0,3989	-0,3961	-0,3934	-0,3907	-0,3880
0,35	-0,3853	-0,3826	-0,3799	-0,3772	-0,3745	-0,3719	-0,3692	-0,3665	-0,3638	-0,3611
0,36	-0,3585	-0,3558	-0,3531	-0,3505	-0,3478	-0,3451	-0,3425	-0,3398	-0,3372	-0,3345
0,37	-0,3319	-0,3292	-0,3266	-0,3239	-0,3213	-0,3186	-0,3160	-0,3134	-0,3107	-0,3081
0,38	-0,3055	-0,3029	-0,3002	-0,2976	-0,2950	-0,2924	-0,2898	-0,2871	-0,2845	-0,2819
0,39	-0,2793	-0,2767	-0,2741	-0,2715	-0,2689	-0,2663	-0,2637	-0,2611	-0,2585	-0,2559
0,40	-0,2533	-0,2508	-0,2482	-0,2456	-0,2430	-0,2404	-0,2378	-0,2353	-0,2327	-0,2301
0,41	-0,2275	-0,2250	-0,2224	-0,2198	-0,2173	-0,2147	-0,2121	-0,2096	-0,2070	-0,2045
0,42	-0,2019	-0,1993	-0,1968	-0,1942	-0,1917	-0,1891	-0,1866	-0,1840	-0,1815	-0,1789
0,43	-0,1764	-0,1738	-0,1713	-0,1687	-0,1662	-0,1637	-0,1611	-0,1586	-0,1560	-0,1535
0,44	-0,1510	-0,1484	-0,1459	-0,1434	-0,1408	-0,1383	-0,1358	-0,1332	-0,1307	-0,1282
0,45	-0,1257	-0,1231	-0,1206	-0,1181	-0,1156	-0,1130	-0,1105	-0,1080	-0,1055	-0,1030
0,46	-0,1004	-0,0979	-0,0954	-0,0929	-0,0904	-0,0878	-0,0853	-0,0828	-0,0803	-0,0778
0,47	-0,0753	-0,0728	-0,0702	-0,0677	-0,0652	-0,0627	-0,0602	-0,0577	-0,0552	-0,0527
0,48	-0,0502	-0,0476	-0,0451	-0,0426	-0,0401	-0,0376	-0,0351	-0,0326	-0,0301	-0,0276
0,49	-0,0251	-0,0226	-0,0201	-0,0176	-0,0150	-0,0125	-0,0100	-0,0075	-0,0050	-0,0025

Wkt.	,000	,001	,002	,003	,004	,005	,006	,007	,008	,009
0,50	0,0000	0,0025	0,0050	0,0075	0,0100	0,0125	0,0150	0,0176	0,0201	0,0226
0,51	0,0251	0,0276	0,0301	0,0326	0,0351	0,0376	0,0401	0,0426	0,0451	0,0476
0,52	0,0502	0,0527	0,0552	0,0577	0,0602	0,0627	0,0652	0,0677	0,0702	0,0728
0,53	0,0753	0,0778	0,0803	0,0828	0,0853	0,0878	0,0904	0,0929	0,0954	0,0979
0,54	0,1004	0,1030	0,1055	0,1080	0,1105	0,1130	0,1156	0,1181	0,1206	0,1231
0,55	0,1257	0,1282	0,1307	0,1332	0,1358	0,1383	0,1408	0,1434	0,1459	0,1484
0,56	0,1510	0,1535	0,1560	0,1586	0,1611	0,1637	0,1662	0,1687	0,1713	0,1738
0,57	0,1764	0,1789	0,1815	0,1840	0,1866	0,1891	0,1917	0,1942	0,1968	0,1993
0,58	0,2019	0,2045	0,2070	0,2096	0,2121	0,2147	0,2173	0,2198	0,2224	0,2250
0,59	0,2275	0,2301	0,2327	0,2353	0,2378	0,2404	0,2430	0,2456	0,2482	0,2508
0,60	0,2533	0,2559	0,2585	0,2611	0,2637	0,2663	0,2689	0,2715	0,2741	0,2767
0,61	0,2793	0,2819	0,2845	0,2871	0,2898	0,2924	0,2950	0,2976	0,3002	0,3029
0,62	0,3055	0,3081	0,3107	0,3134	0,3160	0,3186	0,3213	0,3239	0,3266	0,3292
0,63	0,3319	0,3345	0,3372	0,3398	0,3425	0,3451	0,3478	0,3505	0,3531	0,3558
0,64	0,3585	0,3611	0,3638	0,3665	0,3692	0,3719	0,3745	0,3772	0,3799	0,3826
0,65	0,3853	0,3880	0,3907	0,3934	0,3961	0,3989	0,4016	0,4043	0,4070	0,4097
0,66	0,4125	0,4152	0,4179	0,4207	0,4234	0,4261	0,4289	0,4316	0,4344	0,4372
0,67	0,4399	0,4427	0,4454	0,4482	0,4510	0,4538	0,4565	0,4593	0,4621	0,4649
0,68	0,4677	0,4705	0,4733	0,4761	0,4789	0,4817	0,4845	0,4874	0,4902	0,4930
0,69	0,4959	0,4987	0,5015	0,5044	0,5072	0,5101	0,5129	0,5158	0,5187	0,5215
0,70	0,5244	0,5273	0,5302	0,5330	0,5359	0,5388	0,5417	0,5446	0,5476	0,5505
0,71	0,5534	0,5563	0,5592	0,5622	0,5651	0,5681	0,5710	0,5740	0,5769	0,5799
0,72	0,5828	0,5858	0,5888	0,5918	0,5948	0,5978	0,6008	0,6038	0,6068	0,6098
0,73	0,6128	0,6158	0,6189	0,6219	0,6250	0,6280	0,6311	0,6341	0,6372	0,6403
0,74	0,6433	0,6464	0,6495	0,6526	0,6557	0,6588	0,6620	0,6651	0,6682	0,6713
0,75	0,6745	0,6776	0,6808	0,6840	0,6871	0,6903	0,6935	0,6967	0,6999	0,7031
0,76	0,7063	0,7095	0,7128	0,7160	0,7192	0,7225	0,7257	0,7290	0,7323	0,7356
0,77	0,7388	0,7421	0,7454	0,7488	0,7521	0,7554	0,7588	0,7621	0,7655	0,7688
0,78	0,7722	0,7756	0,7790	0,7824	0,7858	0,7892	0,7926	0,7961	0,7995	0,8030
0,79	0,8064	0,8099	0,8134	0,8169	0,8204	0,8239	0,8274	0,8310	0,8345	0,8381
0,80	0,8416	0,8452	0,8488	0,8524	0,8560	0,8596	0,8633	0,8669	0,8705	0,8742
0,81	0,8779	0,8816	0,8853	0,8890	0,8927	0,8965	0,9002	0,9040	0,9078	0,9116
0,82	0,9154	0,9192	0,9230	0,9269	0,9307	0,9346	0,9385	0,9424	0,9463	0,9502
0,83	0,9542	0,9581	0,9621	0,9661	0,9701	0,9741	0,9782	0,9822	0,9863	0,9904
0,84	0,9945	0,9986	1,0027	1,0069	1,0110	1,0152	1,0194	1,0237	1,0279	1,0322
0,85	1,0364	1,0407	1,0450	1,0494	1,0537	1,0581	1,0625	1,0669	1,0714	1,0758
0,86	1,0803	1,0848	1,0893	1,0939	1,0985	1,1031	1,1077	1,1123	1,1170	1,1217
0,87	1,1264	1,1311	1,1359	1,1407	1,1455	1,1503	1,1552	1,1601	1,1650	1,1700
0,88	1,1750	1,1800	1,1850	1,1901	1,1952	1,2004	1,2055	1,2107	1,2160	1,2212
0,89	1,2265	1,2319	1,2372	1,2426	1,2481	1,2536	1,2591	1,2646	1,2702	1,2759
0,90	1,2816	1,2873	1,2930	1,2988	1,3047	1,3106	1,3165	1,3225	1,3285	1,3346
0,91	1,3408	1,3469	1,3532	1,3595	1,3658	1,3722	1,3787	1,3852	1,3917	1,3984
0,92	1,4051	1,4118	1,4187	1,4255	1,4325	1,4395	1,4466	1,4538	1,4611	1,4684
0,93	1,4758	1,4833	1,4909	1,4985	1,5063	1,5141	1,5220	1,5301	1,5382	1,5464
0,94	1,5548	1,5632	1,5718	1,5805	1,5893	1,5982	1,6072	1,6164	1,6258	1,6352
0,95	1,6449	1,6546	1,6646	1,6747	1,6849	1,6954	1,7060	1,7169	1,7279	1,7392
0,96	1,7507	1,7624	1,7744	1,7866	1,7991	1,8119	1,8250	1,8384	1,8522	1,8663
0,97	1,8808	1,8957	1,9110	1,9268	1,9431	1,9600	1,9774	1,9954	2,0141	2,0335
0,98	2,0537	2,0749	2,0969	2,1201	2,1444	2,1701	2,1973	2,2262	2,2571	2,2904
0,99	2,3263	2,3656	2,4089	2,4573	2,5121	2,5758	2,6521	2,7478	2,8782	3,0902

Prozentpunkte der t-Verteilung mit df Freiheitsgraden

df	0,900	0,950	0,975	0,990	0,995
1	3,0777	6,3138	12,706	31,820	63,657
2	1,8856	2,9200	4,3027	6,9646	9,9248
3	1,6377	2,3534	3,1824	4,5407	5,8409
4	1,5332	2,1318	2,7764	3,7469	4,6041
5	1,4759	2,0150	2,5706	3,3649	4,0321
6	1,4398	1,9432	2,4469	3,1427	3,7074
7	1,4149	1,8946	2,3646	2,9980	3,4995
8	1,3968	1,8595	2,3060	2,8965	3,3554
9	1,3830	1,8331	2,2622	2,8214	3,2498
10	1,3722	1,8125	2,2281	2,7638	3,1693
11	1,3634	1,7959	2,2010	2,7181	3,1058
12	1,3562	1,7823	2,1788	2,6810	3,0545
13	1,3502	1,7709	2,1604	2,6503	3,0123
14	1,3450	1,7613	2,1448	2,6245	2,9768
15	1,3406	1,7531	2,1314	2,6025	2,9467
16	1,3368	1,7459	2,1199	2,5835	2,9208
17	1,3334	1,7396	2,1098	2,5669	2,8982
18	1,3304	1,7341	2,1009	2,5524	2,8784
19	1,3277	1,7291	2,0930	2,5395	2,8609
20	1,3253	1,7247	2,0860	2,5280	2,8453
21	1,3232	1,7207	2,0796	2,5176	2,8314
22	1,3212	1,7171	2,0739	2,5083	2,8188
23	1,3195	1,7139	2,0687	2,4999	2,8073
24	1,3178	1,7109	2,0639	2,4922	2,7969
25	1,3163	1,7081	2,0595	2,4851	2,7874
26	1,3150	1,7056	2,0555	2,4786	2,7787
27	1,3137	1,7033	2,0518	2,4727	2,7707
28	1,3125	1,7011	2,0484	2,4671	2,7633
29	1,3114	1,6991	2,0452	2,4620	2,7564
30	1,3104	1,6973	2,0423	2,4573	2,7500
>30	1,2816	1,6445	1,9600	2,3263	2,5758

Für $df > 30$ gilt die Approximation durch die Standard-Normalverteilung.

Oberer 5 %-Punkt χ^2-Verteilung

Ablesebeispiel:

$P_{df=8}(\chi^2 > z) = 0{,}05 \Rightarrow z = 15{,}507$

df	*z*	*df*	*z*	*df*	*z*	*df*	*z*
1	3,841	11	19,675	21	32,671	31	44,985
2	5,991	12	21,026	22	33,924	32	46,194
3	7,815	13	22,362	23	35,172	33	47,400
4	9,488	14	23,685	24	36,415	34	48,602
5	11,070	15	24,996	25	37,652	35	49,802
6	12,592	16	26,296	26	38,885	36	50,998
7	14,067	17	27,587	27	40,113	37	52,192
8	15,507	18	28,869	28	41,337	38	53,384
9	16,919	19	30,144	29	42,557	39	54,572
10	18,307	20	31,410	30	43,773	40	55,758

df	*z*	*df*	*z*	*df*	*z*	*df*	*z*
41	56,942	51	68,669	61	80,232	71	91,670
42	58,124	52	69,832	62	81,381	72	92,808
43	59,304	53	70,993	63	82,529	73	93,945
44	60,481	54	72,153	64	83,675	74	95,081
45	61,656	55	73,311	65	84,821	75	96,217
46	62,830	56	74,468	66	85,965	76	97,351
47	64,001	57	75,624	67	87,108	77	98,484
48	65,171	58	76,778	68	88,250	78	99,617
49	66,339	59	77,931	69	89,391	79	100,749
50	67,505	60	79,082	70	90,531	80	101,879

Für $df \geq 80$ ergeben sich die oberen 5 %-Punkte z der χ^2-Verteilung näherungsweise mit der Wilson-Hilferty-Approximation (vgl. Schlittgen [3]) wie folgt:

$$z \approx df \cdot \left(1 - \frac{2}{9 \cdot df} + 1{,}6449 \cdot \sqrt{\frac{2}{9 \cdot df}}\right)^3$$

Literaturverzeichnis

[1] Arrenberg, J. (2020). *Wirtschaftsstatistik für Bachelor.* 4., überarbeitete Auflage, Konstanz, UVK-Verl.-Ges. (UTB, 3914)

[2] Arrenberg, J. (2020). *Wirtschaftsmathematik für Bachelor.* 6., überarbeitete und erweiterte Auflage, Konstanz, UVK-Verl.-Ges. (UTB, 3674)

[3] Schlittgen, R. (2012). *Einführung in die Statistik.* 12., korrigierte Auflage, München, Oldenbourg

Tipp- und Wissen-Verzeichnis